数据中国“百校工程”项目系列教材
数据科学与大数据技术专业系列规划教材

准职业人导向训练教程

创新思辨与求职指导

瑞翼教育教学管理团队　编著

浙江科学技术出版社

准职业人导向训练教程. 三，创新思辨与求职指导 / 瑞翼教育教学管理团队编著. —杭州：浙江科学技术出版社，2019.8（2024.1 重印）
数据科学与大数据技术专业系列规划教材
ISBN 978-7-5341-8758-2

Ⅰ.①准…　Ⅱ.①瑞…　Ⅲ.①职业道德—教材
Ⅳ.①B822.9

中国版本图书馆 CIP 数据核字（2019）第 169424 号

内容提要

本书结合企业对员工素质的要求和学生特点进行编写，主要内容包含两部分，第一部分为突破思维定式，培养学生批判性思维与创新思考的能力，让学生能够优化自己的思考方式，掌握更有效的思考方法，从而更好地解决实际生活和学习中面临的具体问题。第二部分为求职过程指导，从学生职业规划角度出发，结合自身实际情况制作简历，然后应对面试的过程，并学会保护自身权益，以及最后走上就业岗位的适应过程，解决不同的职业生涯规划和就业方面的问题，旨在实现工作过程与学习过程的有机结合。

本书是一本使用广泛的职业发展与就业指导教材，可作为百校工程·产教融合·数据科学与大数据技术专业的学生职业素质的教学用书，也适合所有关注自身职业发展的人员参考。

丛 书 名　数据科学与大数据技术专业系列规划教材
书　　名　准职业人导向训练教程(三)　创新思辨与求职指导
编　　著　瑞翼教育教学管理团队

出版发行　浙江科学技术出版社
网址：www.zkpress.com
杭州市体育场路 347 号　邮政编码：310006
联系电话：0571-85152486
E-mail：zkpress@zkpress.com
排　　版　杭州真凯文化艺术有限公司
印　　刷　浙江新华数码印务有限公司
经　　销　全国各地新华书店

开　　本　787×1092　1/16　　印　　张　13
字　　数　255 000
版　　次　2019 年 8 月第 1 版　　印　　次　2024 年 1月第 2 次印刷
书　　号　ISBN 978-7-5341-8758-2　　定　　价　45.00 元

责任编辑　张祝娟　　**责任校对**　顾旻波
责任美编　金　晖　　**责任印务**　崔文红

本册编写人员

策　　划	刘　波
主　　编	刘　波
副 主 编	刘源源　逯兆玉　刘　婧　郝　静　李　俭 张甜甜　乔晓妍　何春梅　冯　焱
编　　审	刘　波　鲍　凡　林金丽
教学资源	刘　波　刘源源　逯兆玉　刘　婧　郝　静 李　俭　张甜甜　乔晓妍　何春梅　冯　焱

（以上排名不分先后）

前 言

这个学期，同学们离职场又近了一步，所学的专业课程更是迈向了一个新的台阶。专业技术能力提升的同时需要全面提升个人综合素质，所以本书的内容设置既有职业技能所需要的专业要求供大家参考，又有突破自己思维定势的全新思维模式训练，还有对上一学年学习内容的提升。

本书的主要内容包含两部分，第一部分为突破思维定势，培养学生批判性思维与创新思考的能力，从教育学、心理学、哲学等多学科领域的视角出发，重点介绍了创意思考的来源、创新思维的路径和方法、批判思考的基本理论和实际应用，让大家能够优化自己的思考方式、掌握更有效的思考方法，从而更好地理解他人的观点，更好地与他人进行交流和沟通，更好地解决实际生活和学习中面临的具体问题。第二部分为求职过程指导，从大家职业规划角度出发，结合自身实际情况制作简历，然后应对面试的过程，并学会保护自身权益，以及最后走上就业岗位的适应过程，解决不同的职业生涯规划和就业方面的问题，旨在指导大家能够更好地在行业内就业。

党的二十大报告指出，全面建成社会主义现代化强国、实现第二个百年奋斗目标作出了战略部署。数字经济发展是当前全球产业创新发展的核心趋势，数字经济成为我国构建现代化经济体系的重要引擎，而大数据是推动数字经济发展的关键生产要素，推进经济社会数字化转型大数据发挥着至关重要的作用。因此，必须具备一定的技术和职业素质才能适应和应对市场的变化和需求。大数据专业方向所涉及的领域是非常多的，不同的行业领域会使用不同的专业技术，不同的项目也会有不同的技术要求；随着行业的规范，对大数据人才的综合素质要求也在不断提升，越来越多的企业在注重技术人员的专业水平的同时，也更加关注员工在职业素质方面的表现，比如在代码和文档方面的规范性，处理问题的能力，创新思考等。因此，我们在设计教材内容时更加强调综合能力的养成，将行业要求融入职业素质的内容当中；遵从认知曲线，循序渐进地训练、跟踪、测评，进行场景式模拟训练，分阶段、分层次不断渗透职场元素，让大家在体验和感悟中提升综合素质。

素质是个人发展的基石，就业是个人发展的途径，希望通过本书批判性思考的相关知识和就业过程的相关指导能帮助大家成功就业，顺利完成从“准职业人”到“职业人”的飞跃。

本教材共分十章，由刘波负责整体构思、基本框架、立意定题、最终定稿，由鲍凡、林金丽对全书进行统稿，其中第一章由刘波编写，第二章由刘源源编写，第三章由逯兆玉编写，第四章由刘婧编写，第五章由郝静编写，第六章由李俭编写，第七章由张甜甜编写，第八章由乔晓妍编写，第九章由何春梅编写，第十章由冯焱编写。准职业人导向训练教程主要针对百校工程•产教融合•数据科学与大数据技术专业的学生，作为职业素质能力培养课程的教材（共3册，建议分6个学期开设）。本书是其中的第三册，是第一册和第二册的延续和深化，建议在大三两个学期开设。

在本书的编写过程中，我们查阅了大量作者和网站的文献资料，借鉴了其中的精华，在此一并表示感谢，同时也对支持我们的院校、企业，北京中科特瑞科技有限公司表示深深的感谢。

由于时间仓促，书中难免存不足之处，恳请读者朋友们提出宝贵意见，以便今后修订完善。

编著者

2022年12月

目录

第一章 突破思维定势

本章重点

◎了解什么是思考
◎掌握思考的方法
◎突破思维定势

本章难点

◎思维定势的类型
◎思维定势如何影响我们的工作和生活
◎突破思维定势的案例及方法

生活中，我们大多数人总是喜欢淹没在似乎很有价值的工作中，却不愿意抽出时间和精力来对问题进行认真的思考。其实，每个人每天都会迸发出无数个想法。专注地思考某些问题才会产生好的思考效果，越忙就越要保证专注的思考时间。那么，思考的奥秘是什么？思考是否有捷径？如何才能打破思维定势呢？

本章重点介绍了思考的产生、思考的方法以及如何来突破原有的思维定势，让学生能够优化自己的思考方式，培养独立的思维意识，从而更好地理解他人的观点，更好地与他人进行交流和沟通，更好地解决实际生活和学习中面临的具体问题。

第一节 学会思考

一、什么是思考

“思考”一词在百度百科里的解释为：是思维的一种探索活动，源于主体对意向信息的加工。人之思考是自己心智对意向——信息内容的加工过程。任何思考的进行都是在联想——连锁反应中进行的推理与演算——信息内容的加工。如：相似联想、接近联想、对比联想、因果联想等。

通俗地说，思考是一种有目的的心理活动，而且对于这些心理活动，当事人可以进行一些控制。所以我们在判断一个人是否在思考时，可以从两个方面来分析：第一，是否受控制。当我们控制、掌握我们心理活动的时候，这个心理活动才算是真正的思考。也就是说，大脑要能控制我们的心理活动。第二，是否有目的。也就是说，思考是一种有目的的心理活动。如果满足这两个条件，我们才算得上认真地在思考。基于以上分析，我们可以这样来理解“思考”：思考就是有助于形成或解决问题、做出决定、抑或满足理解欲望的任何心理活动。所以思考的目的是找寻答案或者找寻意义。

思考其实就是针对特定问题寻找出解决办法，我们遇到的形形色色的问题可以分为两类，第一类是已有解决方案的问题。这些解决方案是事实性的一些知识，我们学会了这些知识，就能解决已知的问题，这一类问题我们需要投入思考的较少。第二类是大多数情况下没有解决方案的、未知的、崭新的问题。我们需要创造性地解决这类问题，除了需要事实性的知识以外，还必须要有灵活和有效的思考能力，两者缺一不可。所以，思考贯穿于我们生活中的方方面面，是帮助我们更好地解决问题的方法之一。

二、我思故我在

思考是人类一直以来就有的习惯，只要醒着，意识存在，思考就一直未曾间断。从生物学上来看，这是我们大脑具有的一种自主活动的能力，是一种与生俱来的能力。笛卡尔曾说过：“我思故我在。”直译为“我思考，所以我存在。”但是在学校，我们经常能看到这样的现象：当老师提出一个问题时，在不知道问题正确答案的情况下，通常是别人说什么，我们就会跟着说什么，不知道答案是否正确，也不知道该怎么反驳；每当有重大事件发生或比较棘手的问题被他人解决时，作为旁观者，我们都喜欢马上进行评议："早就知道那样做不行，迟早会出问题的。你看果然是吧！""原来这样就行啊！我也会的，怎么就没想到呢？"；当出现一些谣言或者热点时，我们也不会思考事件的真实性，只会一股脑儿地传播着；而在生活中，我们经常得到许多非常实用的忠告，例如"每天进步一点点，坚持带来大改变""21天习惯养成"等再到具体的各种学习方法、行为准则，甚至还可以详细到每天每段时间的安排，这些简单可行的道理让人心动，兴奋之余便开始跃跃欲试。本来开始的时候发现真的简单易行，但到最后还是有很多人做到一半就无法再坚持下去了……诸如此类的事件非常之多，很多时候我们学了不少，却无法做到学以致用。

我们习惯了学习，学习别人的事迹，学习别人的精神，学习别人总结的经验，然后便如公式一样一条条往自己身上套，因为这样确实很快速便捷，一旦稍见成效便感觉找到了捷径。这些看似主动学习实则被动地等待经验、道理的行为会使我们的大脑丧失主动思考的能力。

我们听过许多要主动思考的忠告，但是真正运用思考改变自己人生的人还是少数。如果我们会主动思考，那么当老师讲出很多方法的时候就会仔细分析，从中挑选出适用的加以练习；如果我们只是被动地接受，那很可能就会把有道理的都去尝试一遍，除了感觉累以外恐怕毫无收获。而知道思考的人会进一步去想，这些适合我的能为我提供多少帮助？那些不适合我的方法如果进行刻意练习是不是会对我更有帮助？

所以，思考就是从一句话、一件事开始，简单些来说就是大脑对接受的信息内容进行加工。进行思考的关键前提是，我们得知道自己想要达到什么目的。想要提高写作水平的人会坚持写作，并非常认真；想要知识变现的人会关心变现技巧；想要超越自己的人很可能学到了单纯的奋斗方法。

这个世界如此复杂，我们思考，不是为了证明自己，是为了不轻信盲从，从而更好地成长。

三、互联网时代如何保持独立思考

互联网方兴未艾之际，网络的迅速传播打破了信息封闭。最近一份数据显示，每分钟Google上产生240万条新的搜索请求，Snapchat上分享53万张照片，AppStore上5万个App被下载，Twitter上发布35万条新推文，1亿5千万封邮件被发出。

随着上网门槛越来越低，每个人都参与到互联网的事件中，只要识字就可以上网，便可知天下事，可辩天下事。信息的产生也越来越快，过量的没有预期的信息，让我们不断被动接受，毁掉了我们主动搜索和主动链接的深度思考能力。不断接收新信息的廉价快感，让我们变得越来越浅薄，越来越焦虑。因为选择太多，总会有新的选择跳出来，打乱思路，我们开始变得无法平静和思考……

思考是由内而外的，理性的思考是需要时间和空间的，它需要基于对问题的学习，需要静下心来，全身心地关注在这一个点上，不停地主动获取信息，主动地去关联我们已有的经验，主动地去思考由这个点所延伸出的知识体系，最终产生自己对这个问题的思考结果，而不是别人的结论。

那么，在这个以互联网为背景的信息泛滥的时代，我们如何才能保持独立的思考呢？

1. 适当地屏蔽那些没有营养的信息

每天我们都会被无数的推送信息所淹没，刷不完的微博、朋友圈，上百个公众号的推文已经生生堆满了红色的未读标记，而这其中对我们真正有意义的信息其实没有多少，不刷微博，不看公众号，这一天也照常过，对我们也没什么影响。所以建议大家对信息进行分组，只看必须要关注的人的信息，如果可能不要超过 20 个人，这样我们每天需要关注的信息量会比较少。

2. 带着明确的问题去寻找信息

不要漫无目的地去翻阅信息，这会让我们的大脑很累。最好有针对性地去找寻信息，并且设定明确的目标和边界，不要被其他的信息所干扰，这会大大提高我们接受信息的效率，避免松鼠症（强迫性囤积症）和拖延症发作。

3. 多总结多写字

写作是最好的思考方法，养成写作的习惯，可以强迫自己主动思考，把看到的信息进行吸收提炼、总结沉淀，形成结构化的知识，最后通过自己的经验，进行发散梳理，形成自己的观点。

4. 保持怀疑和警惕

虽然互联网是一个有用的信息来源，但它只是一个工具，它所提供的不一定是具有真实价值的知识。当我们接触互联网上的信息，在相信它之前，首先要问自己，我有相信它的理由吗？这就要求运用我们自己的独立思考意识。因此，我们在使用这个工具时需要保持怀疑和警觉的眼光。我们无法防止别人扭曲真相，也无法阻止别人说谎，但我们可以独立地思考，努力地不上当受骗，或者至少不那么轻信盲从。

互联网时代，为我们带来了不曾有过的便利，每天我们都在自主或者不自主地进行加工和整理我们储存的大量信息，在我们享用这些信息为我们带来便利的同时，也需要用理性的思考将它带给我们的负面影响降至最低。只有这样，我们才会使自己有更好的认知力；同时，面对自己的生活，也会整合出更有条理的各种支持系统，来保证自己对于未知的探索实践和自我价值的实现。大家可以把这种独立思考的意识用在生活中的各个层面，自然而然就会打开自己的思维：我们会发现一个不一样的自己和一个不一样的世界。

第二节　思考的方法

一、思考的过程

神经生理学的研究一般认为，思考的心理过程具有思考的产生和思考的批判两个阶段，它们是相互作用的，灵活与有效思考的能力需要学会运用这两个阶段的各种路线。

（一）思考的产生阶段

在思考的产生阶段，我们的心智活动针对问题产生出不同的想法，形成处理问题的各种方法，一般来说有些思考者在思考产生阶段具有一些明显的特征：比如他能产生更多、更好的想法，能够积累长期思考的经验心得来帮助自己发现更多的想法；倾向从许多不同的观点来看待问题，然后才从中选择合适的观点；倾向考虑许多不同的探索途径而且勇于尝试，比较乐于使用想象力等。

（二）思考的批判阶段

在思考的批判阶段，我们的心智活动要检视和评估我们在思考产生阶段的想法及创意并对它们做出判断以及作适当的修正和改进。所以优秀的思考者在思考的批判阶段也具有一些鲜明的特征：比如小心测试自己的初步印象，在很多思考产物之间做出重要的区分，以证据作为基础来推演结论，而不是凭着自己的感觉来做出判断，会寻找多种途径来检验个人思考是否合乎逻辑、解决方案是否可行。

所以在思考过程的这两个阶段应该学会从不同的角度来观察问题，尽可能地提出更多的解决方案，同时找出缺点并加以改进，把结论建立在证据之上，这才是有效的思考。下面对有效思考和无效思考在两阶段的区别进行对比，见表 1-1。

表 1－1　有效的思考和无效的思考在两阶段的区别

思考的效率	思考产生阶段	思考批判阶段
有效的思考	从各种角度观察问题 尽可能地提出所有有效解决方法	找出缺点并改进 把结论建立在证据上
无效的思考	只从有限的角度观察问题 只停顿在少数的想法上	过早地批判 以感觉来下结论

二、思考的方法

思考方法是人们通过思维活动来实现特定思维目的所凭借的途径、手段或办法，也就是思维过程中所运用的工具和手段。思考的过程中包含了很多心理活动，比如仔细观察、记忆、惊奇、想象、探究、诠释、评估与判断等。当我们思考问题或者做出决定的时候，这些心理活动常常会结合起来，就会产生一些作用。思考可根据其产生不同的效果而表现出不同的色彩，比如批判思考、系统思考、创意思考、逻辑思考、水平思考、垂直思考、图像思考、逆向思考、正面思考、负面思考等。关于思考，有很多不同的方法，有人从不同的视角对思考进行了一些分类，这里主要从心理学的角度来介绍思考方法。心理学认为：思考主要是从具体到抽象，再从抽象到具体的过程。思考的过程包含分析、综合、比较、分类、概括、演绎等思维操作的方法，思考的方法有不同的表现形式，具体来说有以下几种：

（一）分析与综合

分析是在头脑中把事物的整体分解为各个部分或个别特征的思考过程。比如我们可以把植物分成根、茎、叶、花、果实等；我们可以把动物分解为头、尾、足、躯干等；我们分析一个句子是由哪些语言成分来构成的，这些都属于分析的一个过程。与分析相对应的是综合，综合就是在头脑里把事物的各个部分、各种特征结合起来进行考虑的思考过程。比如，我们可以把单词组成句子，把文学作品的各个情节连成一个完整的场景，把一个同学的思想品德、学习成绩、智力水平等方面结合起来加以评价得出结论，这都是属于综合的一个过程。所以，分析和综合是同一个思考过程中彼此相反而又紧密联系的过程。

（二）比较与分类

人们为了进一步认识和辨别某一个事物，还需要在分析和综合的基础之上，对事物进行比较和分类。比较是指在头脑中把各种事物或者现象加以对比，确定他们异同点的思考方法。比如，人们认识事物，把握事物的属性、特征或者互相关系都是通过比较来进行的，只有通过比较，区分事物的异同点，才能更好地识别问题。分类只是在头脑中根据事物的共同点或者差异点，把他们区分为不同种类的思考方法。也就是说，分类是在比较的基础上将有共同点的事物划为一类，再根据更小的差异将它们划分为同一类中不同的属性，以揭示事物的从属关系和等级关系。比如咱们在学习数的概念的时候，可以把数分为实数和虚数、有理数和无理数，有理数为整数和分数的统称，这都是分类的一种方式。

（三）抽象与概括

抽象和概括都是建立在比较的基础上的，抽象是高级的分析，概括是高级的综合，抽象与概括是相互依存、相辅相成的。抽象是指在头脑中把同类事物或现象共同的、本质的特征抽取出来，并舍弃个别的、非本质特征的思考过程。比如，我们对人的认识，人可以分为男性和女性，大人和小孩，工人、农民、学生、教师等，还可以分为白色人种、黄色人种和黑色人种等，这些都是分析，我们还可以经过分析和比较抽取出人类具有的共同的本质属性，比如这些人都能说话、能思考、能制造工具等，这就是一个抽取的过程。与抽象相对应的就是概括，概括是指在头脑中把抽取出来的事物的共同的、本质的特征综合起来并推广到同类事物中去，使之普遍化的思考过程。比如我们把人的本质属性——能说话、能思考、能制造工具等推广到所有人的身上，可以得出一个结论：凡是能够说话的、能思考的、能制造和使用工具的动物都属于人，这就是概括。所以抽象和概括关系非常紧密，如果不能抽取出一类事物的本质属性就无法对这类事物进行概括，而如果没有概括性的思维就抽取不出这类事物的本质属性。

（四）具体化与系统化

具体化是指在头脑里面把抽象、概括出来的一般概念、原理和理论同具体事物联系起来的思考过程，也就是用一般原理去解决实际问题，用理论指导实践的过程。所以具体化就是把理论与实践结合起来，把一般与个别结合起来，把抽象的与具体的结合起来，可以使我们更好地理解和检验知识，使人的认识不断深化。系统化是指在我们头脑里把学到的知识分门别类地按照一定程序组成层次分明的、整体的、系统的过程。比如生物学家按照界、门、纲、目、科、属和种把自然界所有的生物分了类，并揭示了生物间的关系，这就是人脑对生物系统化的一个过程。

（五）归纳和演绎

归纳和演绎都属于推理的方法，推理就是从已知推出未知的思考方法，人们在思考新知识、解决新问题、检验新设想时经常运用推理的方法。归纳指的是从许多个别事例中获得一个较具概括性的规则。这种方法主要是对搜集到的既有资料，加以抽丝剥茧地分析，最后得出一个概括性的结论。演绎则与归纳相反，是从既有的普遍性结论或一般性事理，推导出个别性结论的一种方法，由较大范围，逐步缩小到所需的特定范围，也就是说以许多个体的事例为依据并加以归类，从而形成一般原理的思考方法。

案例

归纳法

条件：我养的一只猫A喜欢吃鱼，邻居家的一只猫B喜欢吃鱼，猫C喜欢吃鱼，猫D喜欢吃鱼……

结论：猫喜欢吃鱼。

演绎法

条件：猫喜欢吃鱼，我家养的阿喵是一只猫。

结论：阿喵喜欢吃鱼。

在实际的思考过程中，任何把演绎法和归纳法截然分开、孤立运用的做法都是不正确的。

三、两种思维方式

（一）海绵式思维方式

海绵式思维方式是我们常见的一种思考方式，类似于海绵和水的相互作用——吸收。

1. 海绵式思维的优点

海绵式思维方式有其明显的特点。

首先，我们吸收的知识越多，就越能理解它的复杂性。我们所获得的知识为我们以后进行更复杂的思维提供基础。

其次，它是相对被动的。它一般不需要反复艰辛的心理过程，主要的心理加工就是注意集中和记忆。如果材料是清晰、有趣的，那么这个特点就更明显了。所以，海绵式思维要求的基本脑力劳动不外乎两点：全神贯注、牢记在心。

2. 海绵式思维的缺点

海绵式思维不能提供正确的方法来确定哪些信息和观点值得相信，哪些应该反对。如果我们始终依赖于海绵式思维来读书的话，那么将始终相信最后读到的信息。因为没有认真思考，只能把现有的知识覆盖掉，如果始终以这种思维来学习，最终意味着我们将来只能盗用别人的想法，而无法形成经过自己慎重判断的结果，不管对个人还是社会，成为别人思想的木偶都是一件可怕的事。显而易见，海绵式思维方式不是一种完全正确的思维方式，所以光有海绵式思维方式是不对的，还需要我们掌握淘金式思维方式。

（二）淘金式思维方式

在我们的思考过程中，最好自己能去选择吸收什么、忽略什么，而不是全盘吸收，如果把一部分资源比作砂砾，想从中找到金子，必须经过不断地努力、不断地发问，并对问题的答案进行思考，这种方式就是淘金式思维方式。

淘金式思维为我们提供了一种思维模式，我们可以使用它来评判所见所闻的事物的价值。它具备以下特点：

（1）具有挑战性，回报大。

我们可以这样看：把一段对话看成一堆砂砾，如果想从中找出金子，在这个过程中，我们要对问题进行多角度的观察并多次尝试，寻求不同的思路来解决问题，这个任务富有挑战性，有时候甚至是艰辛的，但回报也是巨大的。当然，淘金式思维要求学习者有较强的学习的主观能动性。

（2）积极的互动性。

在淘金式的思维方式下，学习者的思维空间得到了很大程度的拓展。它允许学习者双向或多向的交流，形成资源互补，有利于学习者最大限度地发挥创造力。

海绵式思维强调知识的获得，而淘金式思维强调与知识积极的互动。因此，两种方式可以取长补短。为了找到智慧的金子，我们必须要有评估的材料。要评估这些材料，我们必须首先拥有一定的知识。

（三）两种思维方式在阅读时的不同行为表现

采取海绵式思维的人在阅读材料时会做什么呢？他会认真地阅读句子，并尽可能记住更多信息；他会用下划线标出关键的单词和句子；他会总结并记下阅读材料的主题和主要观点；他会检查他的笔记，并确定没有漏掉任何重要内容；他的任务是找到并理解作者的意思。他记住了作者的推理和观点，但不进行评价。

采用淘金式思维的人会做什么呢？就像采用海绵式思维的人一样，他也带着获得新知识的意愿来阅读，这是两者唯一的相似之处。但淘金式思维要求他提出尽可能多的问题，这些问题可以帮助他发现最有意义的论点或观念。运用淘金式思维的人频繁地思考为什么作者会与自己有不同的观点。他会在页边空白处写下自己对于推理的质疑；他会与阅读材料进行持续性的交互作用；他想批判性地评估材料，并根据这些评估得出自己的结论。

这两种思维方式基本覆盖了大部分人的思维，但也不是泾渭分明的。有时候我们需要通过海绵式思维来拓展阅读面，同时也需要用淘金式思维来形成自己的阅读成果，甚至转化为自己的观点和认知，成为与人分享的基本素材。从阶段上看，海绵式思维就像精读，淘金式思维就像略读。我们刚入手的时候，其实还是需要海绵式思维来慢慢锻炼自己的判断能力，逐步形成更有效的淘金式思维。

我们怎么知道自己是否在进行淘金式思维呢？在阅读材料时问自己以下问题：

（1）我问过为什么别人要我相信某件事情吗？

（2）当我想到正在讨论的问题可能还存在一些问题时，我会把想到的问题记录下来吗？

（3）我评估过那些在讨论的问题吗？

（4）对某个问题我有自己的见解吗？

第三节　突破思维定势

一、什么是思维定势

思维定势（thinking set），也称“惯性思维”，是指按照积累的思维活动经验教训和已有的思维规律，在反复使用中所形成的比较稳定的、定型化的思维路线、方式、程序、模式。

曾经看到过这样一个故事：在一个茶馆中，一位公安局局长正在和一个老者下棋，突然，一个小孩跑来对公安局局长说：“快回家吧，你爸爸和我爸爸吵起来了。”老者问公安局局长：“这孩子是你什么人？”局长说：“这是我的儿子。”

那么，请问：这位局长和两个吵架的人是什么关系？

有人拿这个问题问了100个人，令人遗憾的是只有两个人答对了。

其实很简单，这个下棋的公安局局长是个女局长，是孩子的妈妈，吵架的是孩子的爸爸和孩子的外公。这个例子说的就是思维定势作怪的现象。由于人们的思维定势，公安局局长被认定是男性，再加上茶馆、下棋的老者这些因素的干扰，让人不会想到公安局局长是个女的，所以一时觉得不懂了。贝尔纳说：“妨碍人们学习的最大障碍，并非未知的东西，而是已知的东西。”如果过分依赖经验，产生一种定势，就会阻碍正常思维的进行。人类应排除“固定观念”的偏差想法，不要总以常识性、僵化和固定的眼光来认识外部的世界，这种静止地看待事物，会带来很大的危害。

思维定势可能有经验性、合理性，但也往往具有强大的惯性和自我封闭性，先前形成的知识、经验、习惯，都会使人们形成认知的固定倾向，从而影响后来的分析、判断，形成“思维定势”——即思维总是摆脱不了已有“框框”的束缚，若想要提高思维能力，就必须从突破思维定势开始。

案例

玻璃瓶里蜜蜂与苍蝇的不同命运

如果你把6只蜜蜂和6只苍蝇装进一个玻璃瓶中，然后将瓶子平放，瓶口打开，让瓶底朝着窗户，会发生什么情况？

你会看到，蜜蜂不停地想在瓶底上寻找出口，一直到它们力竭倒毙或饿死；而苍蝇则会在两分钟之内，穿过另一端的瓶口逃逸一空——事实上，正是由于蜜蜂对光亮的喜爱，所以才导致它们没有逃出去。

蜜蜂以为，囚室的出口必然在光线最明亮的地方，它们不停地重复着这种合乎逻辑的行动。对蜜蜂来说，玻璃是一种超自然的神秘之物，它们在自然界中从没遇到过这种不可穿透的“大气层”，而它们的智力越高，这种奇怪的障碍就越显得无法接受和不可理解。

苍蝇则对事物的逻辑毫不留意，全然不顾亮光的吸引，四下乱飞，结果误打误撞地逃了出去。

这是美国密执安大学教授卡尔·韦克转述的一个绝妙的实验。韦克总结到：“这件事说明，实验、坚持不懈、试错、冒险、即兴发挥、最佳途径、迂回前进、混乱、刻板和随机应变，所有这些都有助于应付变化。”

成功的设计管理总是跟实验、应变联系在一起的。打破僵化，无拘无束，保持宽松开放、生气勃勃的环境，这是所有出色的设计管理的真谛。

二、思维定势的类型

从本质上来讲，我们人类天生具有逻辑思考的能力，但是这个能力受到很多边缘条件的制约，造成了我们的思维定势，思维定势有很多种，也有不同的说法，这里主要介绍几种常见的思维定势。

（一）习惯性思维定势

习惯性思维定势也称“定式思维”，通俗地讲就是“习惯成自然”，是指人们按习惯的、比较固定的思路去考虑问题、分析问题，表现为人们在重复性的活动中产生的一种思维方式，其思考定式是过去如此，现在也如此。

有人做过统计，在一个人一天的行为中，大约只有5%是属于非习惯性的，剩下95%的行为都是习惯性的，所以几乎我们每个人都有习惯性思维定势。“狼来了”的故事大家都很熟悉。放羊的小孩喊“狼来了”，实际上狼没有来，如此重复几次，便使村民产生了“小孩骗人”的习惯心理。乃至后来狼真的来了，村民们听到了小孩急促的呼喊，但根据习惯性思维定势，认定小孩又在骗人。这次误导村民上当的已经不是小孩，而是村民自己的习惯性思维定势。

在我们日常生活中，人们从事大量重复性的活动，如刷牙洗脸、骑车上班、买菜做饭等。这些重复性的活动使人们逐渐养成了一整套处理日常生活的习惯性思维定势和比较固定的行为规范。无疑，日常生活离不开习惯性思维定势和规范，缺了它，人们的神经就会紧张，甚至日常生活会陷入混乱，这是其习惯性思维定势积极的一面。

习惯性思维看似省心省力，但常常使人们对简单明了的事理失去了敏感性和判断力。有这样一则寓言故事：一位没有继承人的富豪，死后将一大笔遗产赠送给一位远房亲戚，这位亲戚是一个常年靠乞讨为生的乞丐。接受遗产的乞丐身价倍增，成了腰缠万贯的富翁。新闻记者来采访这名幸运的乞丐："你继承了遗产之后，想做的第一件事是什么？"乞丐回答："我要买一只好一点儿的碗和一根结实的木棍，这样我以后出去讨饭时会方便一些。"习惯性思维在不知不觉中禁锢着乞丐的大脑，使他经年累月地固守着老传统。所以，习惯性思维定势也会有其较大的负面影响，它常常会给我们造成思考的盲点，周而复始就缺少创新和改变的可能性。

习惯性思维具有两面性，运用的结果，往往因时、因地、因人、因条件而异。所以，不能抽象地评价它是好还是坏，关键是，当有人喊"狼来了"的时候，我们自己是否头脑清醒，摆脱习惯性思维的束缚。

（二）经验式思维定势

经验是指人们通过大量实践而获得的知识、掌握的规律或技能。所以我们在平常大量的学习和实践过程中积累了很多丰富的经验，这些经验能为我们带来一些方便，改变我们的生活，特别是一些技术和管理方面的工作为推动人类的进步起到了很多积极的作用。但是经验是相对稳定的东西，过分依赖乃至崇拜会形成固定的思维模式，这样就会降低人们的创造性思维能力。年轻人的大脑拥有无限的想象力和创造力，没有那么多经验的束缚，所以，科学史上有重大突破的也不乏年轻人。比如爱因斯坦在 26 岁时提出狭义相对论；贝尔在 29 岁时发明电话；西门子在 19 岁时发明电镀术……

案例

美国早期设计的飞船上都装了一个小小的减速器，用来减慢太阳能发射板的开启速度；因为科学家在设计太阳能发射板的过程中，按照以往的经验，要控制其开机的速度，自然而然地想到要加个减速器。后来科学家嫌这种减速器太笨重，而且容易沾上油污，但重新设计后的减速器经过试验被证明并不可靠，多次改进后仍不令人满意。正当研制小组几乎绝望的时候，有位科学家突破经验型思维定势，提出可以不用这个减速器。最终的实验证明这个建议完全正确，也就是说这个减速器从一开始就是多余的。

所以在我们的生活中，可以利用经验解决问题，但又不能完全盲从经验，比如《驴子的经验》：一头驴子背着一袋盐过河，在河边滑了一跤，跌在水里，盐溶化了。驴子站起来时，感到身体轻松了许多。驴子非常高兴，获得了经验。后来有一回，它背了棉花，以为再跌倒，可以同上次一样，于是走到河边的时候，便故意跌倒在水中，可是棉花吸水，驴子非但不能再站起来，而且一直向下沉，直到淹死。由此看出，单纯从狭隘的经验出发思考问题，不顾事物之间的差异，将一时一地的成功经验盲目推广，往往会事与愿违。

（三）局限性思维定势

局限性思维是站在不同的角度得到不同的结论，我们的思维是来源于周围环境的，所以人的思维有局限性，问题的关键是我们的思维如果只着眼于事物的一个部分，就会错失事物的全貌或本质。就像小时候我们学过的一个成语叫盲人摸象，有四个盲人，从来没有见过大象，不知道大象长得什么样，他们就决定去摸摸大象。几个盲人根据自己摸到的大象的不同部位各自说出大象的形状，第一个人摸到了鼻子，他说："大象像一条弯弯的管子。"第二个人摸到了尾巴，他说："大象像根细细的棍子。"第三个人摸到了身体，他说："大象像一堵墙。"第四个人摸到了腿，他说："大象像一根粗粗的柱子。"以此说明人们看到事物的局限性，以点代面、以偏概全，对事物只凭片面的了解或局部的经验，就乱加猜测，以此做出全面的判断，这就是我们局限性思维的一个表现。

对于一个个体而言，思维都是有局限性的。一个三岁的孩子无法想象宇宙的宏大，因为他的认知能力太弱，无法理解科学家用数字与公式构建的宏观世界。一个十七岁少年的思维依然有局限性，他无法理解老人世界观里的安详与淡泊，因为他的资历太浅，无法理解过来人用经验构建的人生观。同样都是耄耋之年，科学家无法完全理解政治家的城府，政治家也无法完全理解科学家的追求。

所以，我们个人的经验是导致思维局限的根本原因，我们需要学会全方位地看问题，跳出个体限制，抛开自己的角色设定，站在别人的角度，去观察问题，发现问题并解决问题。

（四）从众性思维定势

简单来说，从众心理是人受到群体压力而跟从群体选择的一种社会心理。我们思维里有这种潜意识：别人是这么做的，我也这么做，就不会错，或者不会受到伤害。比如我们常见的中国式过马路，凑够了一堆人就走，和红绿灯无关。这是我们经常陷入的一种思维定势。

从众心理与生活环境以及知识信息的来源息息相关。人是群居动物，从众能够在某种程度上给我们带来一种安全感，但是，如果人人都从众，那么就会阻碍新旧理念的交流与更替。

那么，如何才能更好地调整从众心理，主要在于以下三个层面：

首先，坚持实事求是的原则。不管从众也好，脱离也罢，前提就必须务实眼前的现状，实事求是地去求取新的方向与见解，如果脱离了实事求是的原则，那么就是白日梦，与现实严重不符，这样的结果不但没有稳定的根基作为基础，同时还会使自己在一败涂地之后被人耻笑。

其次，解放思想要循序渐进。一步步抽离那些束缚自己观念和思维的绳索，使自己在一定情况下变得主动且灵活起来。做这一步就必须把自己从从众心理中逐渐解放剥离出来，使自己既能务实地做事，还能不断地革新一些新的未知出来。

最后，冲破境界的禁锢。如果说解放思想是不断地抽丝剥茧使自己进行蜕变，而冲破禁锢就是用锤头在必要的时候直接使自己的境界上升一个层面。就如同一个气球被突然扎破，气球内的空气一下子与大自然的空气融汇到一起（甚至还可以比这更宽大）。只是这个冲破禁锢在我们思想认知和为人处世的时候很少出现罢了，只有在身临绝境的时候才可能产生这样的操作意识觉醒。

总之，从众虽然是一种对秩序的认可，但时代在发展，人类在进步，盲目从众会的产生很多负面影响。个体在群体的无形压力下，不知不觉地与多数人保持一致行为的从众心理，会弱化人的自我意识，阻碍独立性的培养，窒息个性的发展，扼杀创新精神和创造力，使人变得无主见和墨守成规等。因此，人可以从众，但不要盲目，在遵守社会规范的同时也要发展自己的个性。

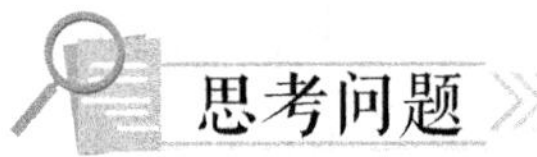

回想一下，最近你有哪些从众的行为？

三、如何突破思维定势

习以为常、理所当然的事物充斥着我们的生活，使我们逐渐失去了对事物的热情和新鲜感。随着知识的积累、经验的丰富，我们变得越来越循规蹈矩，于是创造力丧失了，想象力萎缩了，甚至经验成了我们判断的唯一标准，思维定势已经成为人类超越自我的一大障碍。那么如何打破思维定势呢？有以下几种方法：

（一）创新思考练习

想要打破以往的思维定势，时常进行创新性思考是一件很有实际效果的事情。比如说可以找一些自己遇到的事情，尝试着从不同的角度去思考这个问题，比如说换位思考，由于问题双方主体和客体的思路有区别，所以，通过不同角度的思考可以产生对这个问题的新一层的认知。保持练习，可以在关键时刻发挥重要的作用。

（二）归零思维

按照预先设立心理状态的预期结果，思维定势又可以分为积极的思维定势和消极的思维定势。积极的思维定势就是在问题发生时，相信采取某一行动一定会出现预期的效果，这种积极的思维定势往往来源于以往成功的经验。而消极的思维定势就是相信采取某一行动一定不会出现预期结果，这种消极的思维定势往往来源于以往的失败教训。但是，我们都忽略了一个事实，过去的经验应用于现在，不一定还会成功，过去失败的事情，现在不一定还会失败，克服这种障碍的思维方式就是归零思维。

什么是归零思维？有这样一个案例：在连续将一枚硬币任意抛掷9次的过程中，掉下后都是正面朝上。如果现在再抛掷一次，假定不受任何外来因素的影响，那么硬币正面朝上的可能性是几分之几？答案是二分之一。从数学上说，每次发生的事件（产生的结果）是独立的，也就是说不管前十次八次的结果是什么，都不会影响到下一次的结果，正面朝上的概率仍然是二分之一，与之前抛掷硬币的结果没有任何关联。忘掉过去的成功与失败，不受已有成见的束缚，让思维从头开始，这就是归零思维。

（三）培养发散性思维

大部分人终其一生只运用了大脑想象区大约15%的空间，开发这个空间应该从想象开始。一个问题假如存在不止一种答案，通过思维的向外发散，可以找出更多妥帖的创造性答案。当我们思考砖头有多少用途的时候，充分运用发散性思维我们可以给出如此多的答案：建筑房屋、铺路、刹住停靠在斜坡上的车辆、砸东西、压纸、垫高、防卫……

（四）学会求异

大多数人思考问题的时候，一般是以团队为主体对问题进行相关思考的，这个思维讨论就为新思维的出现奠定了一定的群众基础。学会倾听别人的意见或者看法，可能大家的意见是五花八门的，但并非是空穴来风的。这个时候，我们要学会听，善于听，尝试新思维。

（五）独立思考，克服从众心理

打破思维定势，一个十分关键的环节，就是培育这样一种意志品质：勇于独立思考，敢于坚持己见。必要的时候，即使是独木桥，也要坚定地走下去。也就是说，作为思维的主体，要努力克服自己的从众心理。美国学者所罗门·阿希通过调查，得出这样一个结论：人类有许多不幸，其中有33%在于错误地遵从别人。因此，唯有不跟风，不人云亦云，不盲目从众，自己的创新思维能力才能得到充分的释放和发挥。

（六）践行

践行就是字面上的意思，即实践与行动。践行才是最终知识转化为生产力，实现价值的根本。想到了，就去做，做到了，才算践行。

每个人都在不同程度地被自己的习惯和惯性思维所左右。例如人们上班时总是习惯走一条固定的路线或是乘坐固定的某路公共汽车，出差时喜欢住在自己熟悉的宾馆——道理很简单，因为人们相信经验，害怕改变，担心这种改变会为自己带来不必要的麻烦。但遗憾的是，人们的这种习惯实际上并非每次都是最佳的选择。影响创造性思维的关键因素就在于风险意识的弱化。因为我们做一件事情，越富于创造性，承担的风险就会越大，因此，尝试新事物、运用新方法，关键是要有勇气承担比循规蹈矩更多的风险。但不容忽视的一点是，在很多特定的时期，如果不能打破这种思维定势，反而会使我们陷入更加危险的境地，重蹈蜜蜂的覆辙！因此，我们必须学会冒险、学会应变、学会突破这种思维定势，找到更为广阔的天空。

本章总结 >>>

1. 思考的过程包括思考产生阶段和思考批判阶段。

2. 思考的主要方法有分析与综合、比较与分类、抽象与概括、具体化与系统化、归纳与演绎。

3. 人的思维模式有基本的两种：海绵式思维和淘金式思维，我们需要海绵式思维来慢慢锻炼自己的判断能力，逐步形成更有效的淘金式思维。

4. 人的日常行为和思考方式很大一部分受到思维定势的影响，常见的思维定势有：习惯性思维定势、经验式思维定势、局限性思维定势以及从众性思维定势。

5. 突破思维定势的方法有很多种：创新思考练习、归零思维、培养发散性思维、学会求异、克服从众心理、培养独立思考意识，最后践行到我们的学习和生活中。

本章的内容学到这里，请在下面写下自己的学习和训练体会，帮助自己进一步提高。

本章习题

1. 什么是思维定势？

2. 思维定势如何影响我们的工作和生活？

3. 在荒无人迹的河边停着一只小船，这只小船只能容纳一个人。有两个人同时来到河边，两个人都乘这只船过了河。请问：他们是怎样过河的？

4. 请尽可能多地说出手机的各种用途和弊端。

第二章 创意思考

本章重点

◎跳出思维定势，改变思维方向

◎了解创意思考的三种主要类型

◎了解创意思考的各种方法

本章难点

◎理解创意思考的几种类型

◎学会跳出思维定势，运用创新思维方法思考

◎理解各种创意思考的方法

◎掌握并熟练运用创意思考方法

第一章的学习，带着大家重新认识、定义了思考。也了解了如何突破我们的思维定势，以及开发释放大脑潜力的重要作用。本章将继续围绕创意思考展开深入的学习，包括创意思考类型中几种思维形式的介绍、各类创意思考方法的介绍等。

通过本章的学习，让学生对创意思考有个全面、客观的认识，了解各种类型的创意思考方法，重点掌握一种或几种适合自己的创意思考方法，并能够将创意思考运用到我们的日常生活、学习、工作中。通过科学的方法突破定势思维，改变我们的思考模式，拓宽我们的思路，最终提高我们解决实际问题的能力。

第一节 开启创意思考

我们有没有这样的想法或经历：

公交站牌的斜对面一定有相应的反向站牌；

淘宝上的东西，同样的产品，往往价格中等的那家顾客下单量最多；

南方人认为北方人抗冻，北方人以为南方冬天不冷；

胖子一定讨厌运动，爱吃高热食物；

……

我们都有过类似的经历，习惯性地按照积累的思维活动、经验教训和已有的思维规律，想当然地给事物定性，结果不断被事实“打脸”。先前形成的知识、经验、习惯，都会使我们形成认知的固定倾向，使自己的思维受到种种约束，从而影响后来的分析、判断，造成局限。若想要让自己的能力得到较大的提高与突破，就必须冲破局限，开启创意思考。

思考问题

古时候曾经有人拿这样一个方形木头的设计图（如图 2-1）让木匠做出来，并要求上下两块板要用不同的材质。你觉得木匠能制作出这样的实物吗？

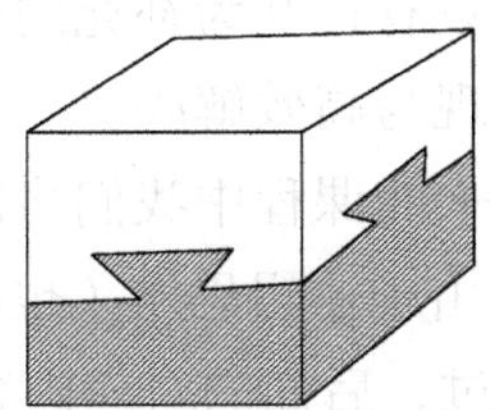

图 2-1 方形设计图

看到这样一张图，很多人都会很自然地脑补出后面及左侧面的情形：与我们看到的两个面一样，上下相互咬合。如此，这张图上设计的东西是不符合基本的组合逻辑的，也就不可能做出实物。但是，如果我们能突破定势思维，换一个思维方向思考，答案也许就不一样了：设计图中我们看不到的那两个面并不跟其相对的面一样，上下两块板并没有交错咬合，这样一来，让木匠做出实物就轻而易举了。

如亚历山大手起刀落把结子割为两段，解开了高尔丁死结，改变思维方向，突破定势思维能让我们获得更多好的创意与解决办法。突破定势思维的途径之一就是进行创意思考，创意思考可以充分发挥人们的探索力和想象力。

创意思考需借助于创造性的思维形式，创造性的思维大致可以分为逻辑性思维和非逻辑性思维两个主要方面。其中逻辑性思维包含聚合思维、正向思维、纵向思维、逻辑思维（抽象思维）四个方向；非逻辑性思维则包含发散思维、逆向思维、横向思维、形象思维四个方向。从中我们不难发现，逻辑性思维和非逻辑性思维的几种思维方向其实都是相互对应，互为补充与完善的：聚合思维对应发散思维，正向思维对应逆向思维，纵向思维对应横向思维，逻辑思维又与形象思维相对应。（如图 2-2 所示）

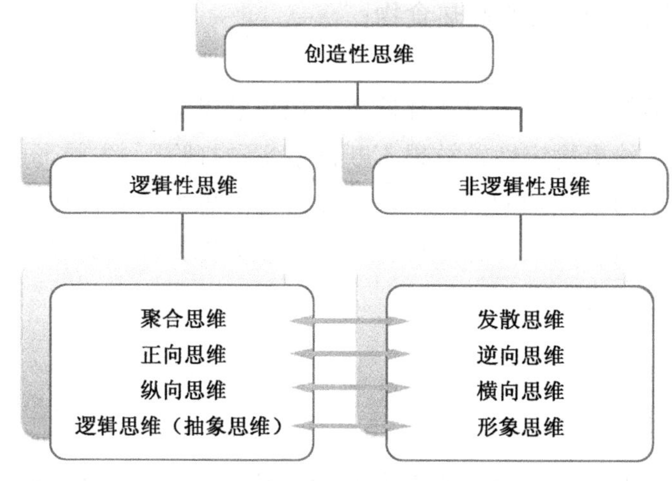

图 2-2　创造性思维

我们在进行思维活动的时候只有将互为补充的思维方式结合使用才能发挥思维的最大潜能，更加利于问题的发现与高效解决。

为了便于记忆与理解，接下来的课程中我们将以上述八个方向的创造性思维类型分为四对来进行展示和介绍。由于逻辑思维（也叫抽象思维）在我们准职业人导向训练教程（二）中已专门介绍过，后面的对应内容将主要针对形象思维展开。

第二节　发散思维与聚合思维

一、发散思维

（一）什么是发散思维

发散思维，又称扩散思维、辐射思维、求异思维。它是根据已有的一些信息，运用已有的知识、经验，通过推测、想象，并沿着不同的方向、途径和角度去思考与设想，探求多种答案的思维方式。举一反三、一题多解、一物多用等都是发散思维的表现形式。

案例

1. 一只杯子掉下来，碎了，这个可以是个什么问题呢？

（1）物理题。因为这是自由落体运动，从多高掉下来才能碎呢？

（2）化学题。杯子里装着酒精，掉进了火堆里。

（3）经济题。刚买的杯子，碎了还要再买一个，取钱时卡却忘在了 ATM 机里。

（4）语文题。你让我太伤心了，伤的就如同这只杯子一样……

（5）社会问题。杯子从楼顶掉下，砸死了人，引起骚乱，被定性为恐怖袭击。

（6）心理问题。那一声破碎的声音触动了一个女孩，于是她花了一下午的时间去查询为什么噪声会让人紧张。

（7）情感问题。那是男朋友送给自己的情侣杯，这会造成一个感情风波。

（8）时间问题。杯子摔碎了，乱了心情，还要再买，直接提升了时间成本。

（9）历史问题。那是乾隆用过的杯子，有很多关于它的故事，是那些历史的唯一承载，如今破了，一段历史就这样彻底消失了。

2. 砖都有哪些用处？

一位老师在课堂上给同学们出了一道有趣的题目：砖都有哪些用处？要求同学们尽可能想得多一些，想得远一些。A 同学马上想到了砖可以造房子、垒鸡舍、修长城。B 同学想到可以当凳子，支桌子，压东西，做工艺品。C 同学的回答很有意思，他说砖可以用来打坏人，拍电视剧。从发散思维的角度来看，C 同学的回答非常具有创意。

（二）发散思维的特性

（1）流畅性。

就是观念的自由发挥。指在尽可能短的时间内生成并表达出尽可能多的思维观念以及较快地适应、消化新的思想观念。机智与流畅性密切相关。流畅性反映的是发散思维的速度和数量特征。

比如，说到西红柿，我们能快速想到什么？西红柿炒蛋、橙色、葱花、番茄、番茄酱、胡萝卜素……追求尽可能多的答案。

（2）变通性 / 灵活性。

就是克服人们头脑中某种自己设置的僵化的思维框架，按照某一新的方向来思索问题的能力。变通性需要借助横向类比、跨域转化、触类旁通，使发散思维沿着不同的方面和方向扩散，表现出极其丰富的多样性和多面性。

还是西红柿，换个方向我们还能想到什么？减肥、黄瓜、香蕉、鸡肉、性感、女神、女汉子……

（3）独特性。

指人们在发散思维中做出不同寻常的异于他人的新奇反应的能力。这一能力可以使思维突破常规和经验的束缚，获得新颖的独特的创新成果。独特性是发散思维的最高目标。

我们来继续想西红柿：电影《西虹市首富》、沈腾、马丽、电影《夏洛特烦恼》、春晚……

（4）多感官性。

发散思维不仅运用视觉思维和听觉思维，而且也充分利用其他感官接收信息并进行加工。如果思维者能够想办法激发兴趣，产生激情，把信息情绪化，赋予信息以感情色彩，会提高发散思维的速度与效果。

还是西红柿，有人通过西红柿想到了电影，我们再将它注入某些情感：对于电影爱好者、爱国青年来说，他可能会在脑海中细数近期优质的中国电影，感慨中国电影的崛起；又或者准备以后投身电影事业，为中国电影事业奋斗……

发散思维的四个特性相互关联、相互渗透，创意的产生离不开它们的相互作用。

（三）如何培养训练发散思维

要想避免思维走进死胡同，找到更多更好的解决问题的方案，我们首先要做到不能因为一时的思维受挫而轻易放弃，而应充分发挥想象力，突破原有的思维圈限制，经不同的途径、方向，以新的视角去探索，重组眼前的和记忆中的信息，产生出多种设想、答案。以需要产生创意为例，如鞋的用途，训练培养发散思维，我们在思考的时候需要做到以下四点：

（1）我们能想出多少种？

穿脚上，当船用，种花草，打人，盛水，盛饭，做动物窝……能想出许多观念。

（2）还有其他不同的想法吗？

破案，当礼物，做信物，垫东西，做画板，当展品……想出多种多样的观念。

（3）能想出别人想不到的吗？

当帽子，做暗号，当饰品，做标志，做音乐，吃……想出与众不同的观念。

（4）我们该怎样改进呢？

打造以鞋子为主题的博物馆，向全世界展示各种奇异的鞋子，鞋子形状的建筑物，鞋子形状的休闲娱乐设施，鞋子形状的饭碗……为观念增添细节，使观念更好。

需要记住的是：最初的想法总不会是最好的。

（四）发散思维训练

如果以《树》为题目，要求联系生活实际写一篇议论文，我们可以引申出哪些主题？

二、聚合思维

发散思维是很重要的创新思考能力，但是如果我们仅重视发散思维能力，而忽视了其他思维能力，我们的整体思维能力也不会太强。发散思维的目的是找到尽可能多的解决办法，但是真正能解决问题的办法往往只需要从众多解决办法中找到一个最好的。所以，这就需要我们在发散思考之后进行集中思考，找到最好的办法。这就需要聚合思维。

（一）什么是聚合思维

聚合思维又称为求同思维、集中思维、辐合思维和同一思维等。聚合思维是把广阔的思路聚集成一个焦点的方法。它是一种有方向、有范围、有条理的收敛性思维方式，与发散思维相对应。

社会生活中，聚合思维的运用也很普遍。如公安人员破案时，要从各种迹象、各类被怀疑人员中发现作案人和作案事实；医生给病人看病，先通过各种检查化验找出病因，然后根据病因实施有针对性的治疗；还有我们在解题中的运用，最直观的是做选择题，从众多备选答案中选出一个正确答案。

（二）聚合思维的特性

（1）唯一性。

聚合思维是把许多发散思维的结果由四面八方集合起来，在节省成本的同时保证实施的安全可靠性，我们最后都会从中找到一个最合适、最有效的方案。

（2）逻辑性。

聚合思维的过程，是从一个设想到另一个设想，一环扣一环的，具有较强的连续性并且符合逻辑。

（3）比较性。

为了寻求解决问题的唯一答案，我们需要对寻求到的多种解题途径、方案、措施、答案等通过比较以及分析判断，找出最佳的那一个。

（三）发散思维与聚合思维的比较

（1）指向相反。

发散思维是从一点向四面八方扩散，目的是尽可能多地找到解决问题的答案，所以发散思维具有广阔性、开放性、非逻辑性；聚合思维与发散思维完全相反，它是从四面八方向中间集中，目的是找到一个最好的答案，以解决实际问题，整个思考过程也具有一定的逻辑性。

（2）作用不同。

从一个相对完整的思维过程来说，发散思维与聚合思维是相辅相成、辩证统一的。发散思维求量，聚合思维求质。发散思维属于“放”，得到更多的创新成果；聚合思维属于“收”，得到最佳方案。

（四）聚合思维训练

《爱丽丝漫游迷惑国》一书中有一个智力题：餐桌上的一碟盐被偷吃了，小偷可能是毛虫、蜥蜴和猫三者之一。它们被带去受审，供词有：毛虫说，蜥蜴偷吃了盐；蜥蜴说，是这样；猫说，我根本不吃盐。已知三者中至少有一个讲了假话，也至少有一个说了真话，那么是谁偷吃了盐？

解题要点：分析时根据问题中心，步步假设，排除假设的判断。最终才能找出唯一正确的答案。

第三节　正向思维与逆向思维

一、正向思维

思考问题

有一个人正在勘测一座高山，突然滑倒。他滑倒时离山顶有50米，但摔落后却发现自己到了山顶。他没有爬这50米，也没有人帮他，而且他一直在同一座山上，山顶在他的上面。他究竟怎么到山顶的呢？（不是脑筋急转弯）

试想，人在什么情况下才会发生这样的事情呢？答案是在水下的时候。原来这个人是在为海底山脉做探测，滑倒后靠浮力上升了。这个题的解题思路就是正向思维。

（一）什么是正向思维

所谓正向思维，就是人们在创造性思维活动中，沿袭某些常规去分析问题，按事物发展的进程进行思考、推测，是从因到果的思维。也是一种从已知进到未知，通过已知来揭示事物本质的思维方法。

案例

某天，有位微软工程师接到了客户的电话，说他的服务器每到深夜就会宕机，问怎么回事。工程师查了各种报告，找不到原因。于是他就建议：你能不能找个人在机房里面值夜班，观察到底发生了什么。客户居然答应了。

结果你猜怎么着：服务器居然没宕机！大家很高兴，以为没事了。可第二天没值班，服务器又宕机了。试了几次，只要有人在就没事；没人在，就宕机。

难道这是薛定谔的量子服务器吗？一观察就没事，不观察就宕机？

后来工程师终于发现，问题的根本原因是空调！这个客户的机房平常不开空调。但有人值班守夜的时候，因为太热，他就会打开空调。不开空调，机器的CPU过热就会出问题；打开空调，系统就会安然无恙。

正向思维是根据因果关系从已知预测未知的一种能力。踢一脚足球，我预测它会飞掉；按下开关，我预测灯会关掉。擅长正向思维的人，都是因果逻辑搜集者，平常在大脑中搜集、整理、存放了大量的因果逻辑，以备随时调用。

在这个案例中，有四个首尾呼应的因果逻辑：（1）人不在，关空调；（2）关空调，室温高；（3）室温高，CPU 过热；（4）CPU 过热，服务器宕机。这四个中，只要有一个因果逻辑缺失了，比如你从来没有意识到，这世界上居然有人为了省电，人不在就关掉机房的空调，缺了这一环正向思维，那你这辈子也解决不了这个问题。

任何事物都有产生、发展和灭亡的过程，正向思维往过去用，可以用来归因，往未来用，可以用来预测。只要我们能够把握事物的特性，了解其过去和现在，就可以在已掌握材料的基础上预测其未来。由此我们应该认识到：正向思维是在开展工作以及科学研究中一种较深刻的、不可忽视的好方法。

二、逆向思维

正向思维是我们在日常思考过程中大多数人用的思维方式。其中典型案例，愚公移山算一个，并且流传至今。我们在颂扬愚公毅力与决心的同时，有没有想过从另外一个角度考虑：愚公移山真的可取吗？如果从他的工作量以及当时的条件来说我觉得是不可取的。因为把一座大山搬走所要花的代价太大了。如果我们反过来考虑一下：既然搬山那么困难，还不如直接搬家呢，这就是逆向思维。

我们来看一个小故事：一位大爷买西红柿，挑了 3 个到秤盘，摊主秤了下："1 斤半，3 块 7。"大爷："做汤不用那么多。"去掉了最大的西红柿，摊主："一斤二两，3 块。"正当我想提醒大爷注意秤子时，大爷从容地掏出了七毛钱放摊上，拿起刚刚去掉的那个大的西红柿，扭头走了。这个结局倒是有点出人意料，故事中买西红柿大爷的高明之处在于，他本来就知道商贩的秤不准，但是他却不动声色地让自己不吃亏，也避免了跟商贩之间的不愉快。这种反其道而行的处理事情的方法就是运用了逆向思维。

我们再来思考一个目前的老大难问题：如何让熊孩子乖乖地写作业？之所以说是老大难问题，是因为经绝大多数父母验证，"打、骂、逼"三件套外加"动之以情晓之以理"的精神感化都不能很好地应对那群熊孩子们了。我们来看看下面这位父亲是如何做的。

孩子不愿意做作业，于是爸爸灵机一动说："儿子，我来做作业，你来检查如何？"孩子高兴地答应了，并且把爸爸的"作业"认真地检查了一遍，还列出算式给爸爸讲解了一遍。只是他有点不明白，为什么爸爸所有作业都做错了。

那这位父亲的做法也是很好地运用了逆向思维：你不愿意做作业，我替你做还不行吗？额外附赠你一次"当老师"点评的机会（我们知道在营销活动中，额外附赠的东西很多时候却成了促进消费者购买欲的关键）。当然，想通过"一招吃遍天下”是不可能的，更何况是对付熊孩子，以上方案的实施因人、因时而异，请合理运用。

（一）什么是逆向思维

从上面的讲解与案例中，我们就可以很容易地理解什么是逆向思维：逆向思维也被称为逆反思维、反向思维或者求异思维，它是相对于正向思维而言的一种思维方式。敢于“反其道而思之”，让思维向对立面的方向发展，从问题的相反面深入地进行探索，树立新思想，创立新形象。

人们习惯于沿着事物发展的正方向去思考问题并寻求解决办法。其实，对于某些问题，尤其是一些特殊问题，从结论往回推，倒过来思考，从求解回到已知条件，反过去想或许会使问题简单化、明了化。

在日常生活中，有许多通过逆向思维成功解决问题的例子。

（1）一人在晚间存款，碰巧 ATM 机故障，一万元被吞，当即联系银行，被告知要等到天亮，其绞尽脑汁地想，突然灵机一动，使用公用电话致电客服，称 ATM 机多吐出 3000 元，5 分钟后维修人员赶到。

别人不帮助我们，是因为没触及他的利益。想办法把我们的问题和他的利益联系起来，才能引起对方重视。

（2）傍晚陪爷爷在公园散步，不远处有一个气质美女，忍不住多看了两眼。爷爷问我：“喜欢吗？”我不好意思地笑笑点点头。爷爷又问：“想要她的电话号码吗？”我瞬间脸红了。爷爷说看他的，然后转身向美女走去。

几分钟后我的电话响了，里面传来一个甜美的声音：“你好，你是 *** 吗？你爷爷迷路了，赶紧过来吧，我们在公园 *** 处。”

有了如此神助攻爷爷，还怕追不到心仪女生？

在创造发明的路上，更需要逆向思维，逆向思维可以创造出许多意想不到的人间奇迹。如洗衣机的脱水缸，它的转轴是软的，用手轻轻一推，脱水缸就东倒西歪。可是脱水缸在高速旋转时，却非常平稳，脱水效果很好。当初设计时，为了解决脱水缸的颤抖和由此产生的噪声问题，工程技术人员想了许多办法，先加粗转轴，无效；后加硬转轴，仍然无效。最后，他们来了个逆向思维，弃硬就软，用软轴代替了硬轴，成功地解决了颤抖和噪声两大问题。

（二）学习过程中由“逆”向“正”的思维障碍

实践中常常会出现这样的情况，老师给学生讲完了一道例题，然后出几道与例题相应的题时，学生很快就会求出正确的答案来，正确率比较高。但是如果将例题的已知和未知颠倒一下，出几道“反过来”的题时，很多学生就束手无策了，正确率低且速度慢。

由此可以看出，从一个正向题到一个逆向题的转换中所发生的思维过程不是畅通无阻的，会遇到一些意想不到的障碍，这些障碍的存在正是思维逆向的特有属性在起作用。在一种逆向思路中思维并不是一定恰好重复原来的途径，从A到B的途径可能不同于从B到A只是反方向的运动。例如：自然数和零都是整数，反过来整数都是自然数和零就不成立了。

一般来说，正向思维的途径是唯一的，逆向思维的途径则是多向的。这一特征的存在，造成了学生对逆向题中的思维障碍，使得学生对解逆命题感到困难。要想改善由“逆”向“正”的思维障碍，首先我们需要正视正、逆向思维的特征与思维原理，同时加强逆向思维的训练。

逆向思维最宝贵的价值，是它对人们认识的挑战，对事物认识的不断深化会产生原子弹爆炸般的威力。同时正、逆向思维的流畅转换会使得我们的思维更加活跃，问题解决得更加顺畅。例如破案，看上去像是在进行一个“逆向思维”，由果到因，但其实在侦探脑海中，快速发生着成千上万个正向思维，无数的由因到果。这些因果逻辑的数量和质量，直接决定着破案能力。

第四节　横向思维与纵向思维

一、横向思维

案例

一位年轻的股票经纪人即将开始他的职业生涯，但是他没有客户。为了使一些富有的人相信他能够准确地预计股票价格走势，他一开始列出800个富人，给其中一半人发送的预测中他预言IBM的股票将在下周上升，在给另一半人的预测中预言IBM的股票下周将下降。结果IBM的股票下降了，这样他就选中了收到正确预言的这400个人。他再向其中的200人预言通用电器的股票下周上升，向另外200人预言该股票将在下周下降……重复这个过程，直到他手里剩25个人。对这25个人而言，他连续5次预言正确。他再和其中的每个人联系，劝说他们把股票交给他来管理。这位股票经纪人所采用的策略主要就是横向思维。

（一）什么是横向思维

横向思维是一种打破逻辑局限，将思维往更宽广领域拓展的前进式思考模式。它改变了解决问题的一般思路，试图从别的方面、方向入手，它的特点是不限制任何范畴，以偶然性概念来逃离逻辑思维，这点正好与逻辑思维对立，从而可以创造出更多匪夷所思的新想法、新观点、新事物，是一种创造性思维。

所谓横向，是因为逻辑思维的思考形态是垂直纵向走向，而横向思维则是可以创造多个切入点，甚至可以从终点返回起点式的思考！横向思维其实就是一种难题解决方法，它的职能只有一个，就是创新！

（二）横向思维的应用方法

1. 思维断裂

思维断裂就是打破传统逻辑思维的连贯性、逻辑性，意味着我们的思维要从原来关注的事物上停止思考或者移开，转移到其他的问题上。让自己的思考从甲跳到乙、从东跳跃到西甚至是北。

2. 思维拓展

横向思维是以寻找更多更优的创意为核心，试图找到更多更佳的新点子、新方法，这种前进式的思考与发散思维的某些特征相同。

3. 思维多变

将事物立体化，进行多角度审视，并进行多维、多变思考。不急于判断它是什么，而是思考它可能是什么。

4. 偶然触发

通过随机诞生的概念和各种事物、词汇来触发新的思路，相信偶然之中肯定包含着某种必然。

5. 思维逆反

逆反意味着打破原来的顺序。我们不从起点出发，而是直接从终点返回，可能就会发现从未走过的新路。

6. 概念交叉

将新诞生的各种新想法、新观点与终点目标进行创意交叉性思考。

下面我们通过几个例子来加深对横向思维的理解。

（1）为什么许多商店把价格定得略微低于一个整数，9.99 美元而不是 10 美元，或者 99.95 美元而不是 100 美元。市场营销学认为这样做会使顾客觉得价格更低，拉动消费。但其实这种做法的最初目的是保证店员不得不在每笔交易中打开放钱的抽屉，找零钱给顾客。这样就会把销售收入记录下来，并且使得店员不能把这些钱据为己有。

（2）在加利福尼亚淘金热期间，一位年轻的创业者怀着把帐篷卖给矿工的想法来到此地。他认为，成千上万的人聚集在一起找金矿，肯定会有一个非常好的帐篷市场。不幸的是那里的天气非常温暖，矿工们都露天睡觉，没有多少人买他的帐篷。于是他就把帐篷上的粗棉布割下来，然后用它做成了帆布工装裤卖给矿工们。这个人的名字叫李维 · 施特劳斯，著名的 Levi’s 牛仔裤品牌创始人。

具有横向思维特点的人，思维面都不会太窄，且善于举一反三。有一个形象的比喻，这种思维就像河流一样，遇到宽广处，很自然地就会蔓延开来，但欠缺的是深度不够，这是横向思维的缺点。所以就需要我们在思考过程中综合运用其他思维方式，如纵向思考。

二、纵向思维

（一）什么是纵向思维

所谓纵向思维，是指在一种结构范围内，按照有顺序的、可预测的、城市化的方向进行的思维形式，这是一种符合实物发展方向和人类认识习惯的逻辑思维方式，遵循由低到高、由浅到深、由始到终等线索。

纵向思维与横向思维相对应，我们平常的生活、学习中大都采用这种思维方式。具有纵向思维特点的人，对事物的见解往往入木三分，一针见血，对事物的动态把握能力较强，具有预见性。我们常说的刨根问底就是纵向思维。

电脑的运算过程是纵向思维最好的例子，一旦问题被编程人员输入电脑，电脑将按照既定的逻辑路径运算，并得到相应结果，逻辑严谨，效率高超。但若在思考过程中，我们的思路过于受控于纵向思维而不能合理转换思维方式，则会令我们的生活出现很多麻烦。

一个人养了一只猫，他对开门让猫进进出出感到烦了，就想了个办法，在门上挖个洞，猫可以自由进出而不打扰他。等这只猫生下了小猫，他又在门上挖了第二个略小一点的洞。这个故事是对受控于某一思想的纵向思维者的最妙的讽刺。

（二）横向思维与纵向思维的比较

横向思维与纵向思维相对，纵向思维是依靠专门性的知识用逻辑的模式来分析思考。横向思维是将逻辑体系做横向联结，用另外的模式来转换问题，它的特点是在解决问题时善于变换思维模式，表现出机智灵活。例如挖井，纵向思维是把一个洞挖得更深的工具，而横向思维则是用来在别的地方另外挖一个洞的工具。

接下来，我们再通过一则小故事来加深对横向思维、纵向思维的认识与理解。

案例

早年，伦敦有一位商人，欠了放债人一笔巨款，而又老又丑的放债人幻想娶这位商人的漂亮女儿为妻。于是放债人向商人提出一桩交易，说如果他能得到商人的女儿做妻子，他愿意将债务一笔勾销。商人和他的女儿听后非常震惊！

狡诈的放债人为了逼迫商人同意，提出一个建议："这样吧，我们就让上天来决定这件事：我把一黑一白两枚石子放入口袋之中，让姑娘任意摸出一粒，如果摸出的是黑色石子，则姑娘嫁给我，我免除你所有的债务。如果摸出的是白色石子，姑娘继续留在你的身边，我照样免除你所有的债务。但是如果你们拒绝摸石子，我将起诉你赖债不还，让你受尽牢狱之苦！”

商人勉为其难地同意了，债主随即从铺满石子的小路上捡起两粒石子放入口袋中。但就在他拾起石子的一刹那，机警的姑娘瞥见他捡起的是两粒黑色石子。

思考 如果你是那个不幸的姑娘，你将如何选择？或者说你想提出怎样的建议来挽救父女的命运？

分析 这个故事很好地展现了纵向思维与横向思维的迥异之处。纵向思维所涉及的是摸出石子所有可能的事实与结果，思维过程具有严谨的逻辑性。而横向思维所涉及的是所有石子——摸出的、口袋里剩下的和小路上铺着的。故事中的这种情形，如果用纵向思维进行分析，逐步推论，我们能够得到三种可能性的结果：

（1）姑娘拒绝摸出石子。

（2）姑娘指出袋中两个石子都是黑色的，戳穿他的伎俩。

（3）姑娘摸出黑色的石子，牺牲自己，挽救父亲。

显然，这三种结果没有一种是最优的，无论何种决定都对他们父女俩不利。看来用纵向思维的思路不会对姑娘有太大的帮助。

横向思维是基于你所看到的所有事物来探索不同的解决途径。故事中的情形如果用横向思维分析或许可以得到出人意料的最佳结果：

姑娘并没有声张，把手伸到口袋之中，摸出了一粒石子，看都不看就让它直接滑落到满是黑黑白白石子的小路上，无法分辨出黑白。

“啊，我太不小心了。”姑娘很自责，“不过，也不用介意，只要看看袋子里剩下石子的颜色，就可以知道我刚才摸出的石子的颜色了。”

用横向思维的方法，姑娘改变了看似不可改变的境况，得到了最优的结果。

第五节　形象思维

形象思维是以直观形象和表象为支柱的思维过程，是以具体形象或图像为思维内容的思维形态。例如，作家塑造一个典型的文学人物形象，画家创作一幅画作，都要在头脑里先构思出这个人物或这幅画作的画面。这种思维形态是人的一种本能思维，人一出生就会无师自通地以形象思维的方式考虑问题。

“一朝被蛇咬十年怕井绳”就是典型的形象思维运用。还有小时候第一次被父母拿着藤条抽打，下次看到藤条脑子里就会出现即将被藤条抽打的画面，这是从之前的形象通过联想叠加到另外一个层面所形成的新的形象。

随着我们思维的成熟和后天的教育，人们的思维方式逐渐地由形象思维向抽象思维过渡，以致最后抽象思维取代形象思维的主体作用。但纵使如此，形象思维一直被我们有意和无意地使用着：绘画艺术、哑剧、舞蹈、无声电影等是人们有意地使用这种思维方法的表现；看见一个人穿着入时就以为他富有，看见一个人慈眉善目就认为他不会干坏事等，都是人们在无意地使用这种思维方法的表现。

爱因斯坦是一个具有极其深刻的逻辑思维能力的大师，但他却反对把逻辑思维方法视为唯一的科学方法，他十分善于发挥形象思维的自由创造力，其所构思的种种理想化实验就是运用形象思维的典型范例。

视觉、听觉、触觉、味觉等一系列的呈现形式都属于形象思维的内容。举个例子：当我们看见一匹狼时，记忆中与狼形象类似的视觉形象就会被激活。最先被激活的可能是我们见过的大狗的图画，如果我们头脑中没有狼与狗相区别的视觉形象，我们可能会迎上去向它打招呼；如果再听到狼的叫声，紧接着被激活的可能是我们对听说过的狼的叫声的回忆；如果我们记忆的感知形象足够多，紧接着又被激活的可能是过去听说过狼尾巴与狗尾巴的区别：狼尾巴又长又粗拖在地上，狗尾巴则短小一些且摆动自如。

这些新见到的、听到的和记忆中的感知形象在头脑中的快速变幻足以让我们得出结论：我们遇见狼了！再接着被激活的感知形象可能是我们过去见过的或者听说过的狼撕咬人的画面……

（一）形象思维的开发与训练

大脑右半球喜欢整体的、综合的和形象的思维，所以有人说右半球是形象思维中枢，它的思维材料侧重于事物形象、音乐形象和空间位置等。在开发右半球的潜能时，主要就是利用形象记忆和形象思维活动，这是开展右脑训练的基本原则。

开发和训练形象思维的方法：

1. 累积形象材料

在日常生活和社会实践活动中，尽量扩大对自然和人类活动中事物形象的掌握，有意识地观察事物形象，广泛积累表象材料，丰富表象储备。丰富的表象储备无论对形象思维还是抽象思维都有帮助。

2. 积极开展联想和想象活动

要经常开展形象、丰富、生动的联想和想象活动，开发形象思维。具体方法有：

（1）模仿法。

以某种模仿原型为参照，在此基础之上加以变化产生新事物的方法。如模仿鸟发明了飞机，模仿鱼发明了潜水艇，模仿蝙蝠发明了雷达。

（2）想象法。

在脑中抛开某事物的实际情况，而构成深刻反映该事物本质的简单化、理想化的形象。直接想象是现代科学研究中广泛运用的进行思想实验的主要手段。

（3）组合法。

从两种或两种以上事物或产品中抽取合适的要素重新组合，构成新的事物或新的产品的创造技法。

（4）移植法。

将一个领域中的原理、方法、结构、材料、用途等移植到另一个领域中，从而产生新事物的方法。主要有原理移植、方法移植、功能移植、结构移植等类型。

形象思维是反映和认识世界的重要思维形式，是培养人、教育人的有力工具。在学习中，不管哪一学科，不管是多么抽象的内容，如果得不到形象思维的支持，没有形象思维的参与，都很难顺利进行。在企业经营中，高度发达的形象思维，是企业家在激烈而又复杂的市场竞争中取胜的不可缺少的重要条件。形象思维并不仅仅属于艺术家，它也是科学家进行科学发现和创造的一种重要的思维形式。例如，物理学中所有的形象模型，像电力线、磁力线、原子结构的汤姆生模型或卢瑟福小太阳系模型，都是物理学家抽象思维和形象思维结合的产物。

第六节　创意思考的方法

创意思考的方法是人们在创造发明、科学研究或创造性解决问题的实践活动中，所采用的有效的方法和程序的总称。创意思考的根本作用在于根据一定的科学规律，启发人们的创造性思维，提升人们的创新效率。

创意不是天生的，而是后天通过对规律的思考，对事物的判断，不断地演练形成的。培养创意思考的方法举不胜举，我们可以把它们统分为八类，其中常规典型的方法有五类：智力激励型的创意思考方法（如头脑风暴法），设问型的创意思考方法（如行停法），列举型的创意思考方法，组分型的创意思考方法，类比型的创意思考方法。另外还有思维导图、六顶思维帽以及萃思（TRIZ）三类比较新颖的创新方法。

由于方法众多，无法一一介绍，在本节的学习中，我们将主要摘取其中对我们创意思考特别重要又实用的几种常见的方法来展开介绍。

一、和田十二法

和田十二法是我国学者许立言、张福奎和上海市和田路小学教师吸收各种创新技法的精华，又结合小学生的心理、生理与知识基础，将创造心理学中奥斯本的“检核表法”加以改造、提炼、创新和通俗化的一种思维技法。

和田十二法以儿童化、通俗易懂的特点跻身于众多创造技法之中，简单易学、实用。多年来一直受到成年人的青睐，被国际组织宣传推广，在国内外广泛传播，显示了很强的生命力。

和田十二法包括十二个“一”，即：

（1）加一加。加高、加厚、加多、组合等。

（2）减一减。减轻、减少、省略等。

（3）扩一扩。放大、扩大、提高功效等。

（4）变一变。变形状、颜色、气味、音响、次序等。

（5）改一改。改缺点、改不便、改不足之处。

（6）缩一缩。压缩、缩小、微型化。

（7）联一联。原因和结果有何联系，把某些东西联系起来。

（8）学一学。模仿形状、结构、方法，学习先进。

（9）代一代。用别的材料代替，用别的方法代替。

（10）搬一搬。移作他用。

（11）反一反。能否颠倒一下。

（12）定一定。定个界限、标准，能提高工作效率。

由于此法通俗易懂、简单易学，接下来我们从中选出几个“一”进行简单的实例展示。

➢加一加：在原有的基础上改进就是创新。

手机加上电脑的功能便价格不菲；将电灯加到挖耳勺上就成了发光挖耳勺，比普通挖耳勺贵了不止十倍；销售策略上的买一赠一，买冰箱送彩电等买赠策略，一举多得：提高了销量，增加了盈利，带动了宣传，压缩了库存。

➢减一减：省略、减少、减薄不必要的。

蓝牙耳机去掉了耳机线，使听音乐变得更加方便；手机越来越薄，使用携带越来越方便；销售购买过程中减少消费者不必要的流程操作，加快了销售进度，也减少了消费者不必要的麻烦，提高了消费体验感。

➢扩一扩：功能、用途，使用领域进行放大，扩展。

把伞扩大出现了情侣伞、母子伞，把伞的用途拓展，就是晴雨两用伞；沙发椅、桌椅床、伸缩桌等大大节省了空间；牙膏口扩大一点，方便挤出，减少消费者的使用时间，就增加了消费者的购买频次。

➢变一变：改变原有事物的形状、尺寸、颜色、滋味、浓度、密度、顺序、场合、时间、对象、方式、音响等。

布制书，用布代替纸张使其不易撕破，安全环保，非常适用于婴幼儿；改变水果的常规形状，普通水果就能成为高端“奢侈品”；卖菜的商贩将一堆一模一样的辣椒分成两堆，就可以满足所有购买者的需求。

➢改一改：针对现有的做法提出意见、建议，使其能做得更好。

万宝路香烟最初是专门卖给女人的，但是销路不佳，品牌商改了创意和宣传，男人才有了今天的专属香烟——万宝路；一件普通的T恤，印上不同的形象就可以卖出高很多并且各不相同的价格。

➢联一联：看看事物之间有什么联系。

人类根据蝙蝠发明了雷达，根据青蛙发明了电子蛙眼，根据萤火虫发明了人工冷光，根据蜻蜓发明了直升机……将产品与健康、人性、情感等高复杂的东西联系到一起就会更有价值，更受欢迎，比如优乐美奶茶代表爱情，王老吉代表降火。农夫山泉，用纯净水和矿泉水养花试验让我们联想到久喝纯净水于身体无益，从而提升自己矿泉水地位；车展的时候总是配备很多漂亮的车模，吸引顾客买车，这叫品味联想。

二、列举法

案例

“康师傅”的问世

“康师傅”是一家台资企业，几位台商最初来大陆创办企业之前也并不清楚该搞什么行当最能走红。经过实地调查后，他们发现改革开放后的大陆，经济建设发展很快，“时间就是金钱”的口号遍地作响，人们的生活节奏日趋加快，对方便快速的饮食希望开始产生。于是，一个新创意涌上台商脑海：为了适应大陆新出现的快节奏生活，可以在快餐业上寻求发展机遇。

经过分析，他们列举了人们传统饮食方式的缺点和对新的饮食方式的希望，最后决定以开发新口味方便面来满足大陆消费者的需要。

开发什么品牌的方便面呢？他们列举了多个品名，淘汰了不少想法。后来，他们想到了“康师傅”的品牌，因为“师傅”是大陆人对专业人员的尊称，此外，“康师傅”中有个“康”，也容易满足人们对健康、安康的心理希望。

经过对“康师傅”的配料、制作工艺以及口味的不断调试，最终，具有“大陆风味”的“康师傅”问世，赢得了消费者的喜爱。

“康师傅”的问世就是采用了列举法的思考、分析方式。

（一）什么是列举法

列举法是一种对具体事物的特定对象（如特点、优点、希望等）从逻辑上进行分解、分析，将其本质内容全面地一一罗列出来，提出改进措施，形成有独创性的设想，实现发明创造的创新方法。

作为一种最基本的创意思考方法，列举法应用广泛，常用于简单设想的形成与发明目标的确定。按照所列举对象的不同，列举法又可以细分为属性列举法、缺点列举法、希望点列举法、成对列举法和综合列举法。

（二）属性列举法

列举事物的所有属性，针对这些属性来进行创造思考的方法就是属性列举法。

属性列举法是列举法的典型技法，其要点是首先针对某一事物列举出其重要部分或零件及属性等，然后就所列各项逐一思索是否有改进的必要性或可能性，促使创新产生。

属性列举法的操作步骤：

第一步，确定一个目标明确的研究对象。

第二步，了解事物现状，熟悉其基本结构、工作原理及使用场合，应用分析、分解及分类的方法对研究对象进行一些必要的结构分解。

（1）名词属性（采用名词来表达的特征）。主要指事物的结构、材料、整体等。

（2）形容词属性（采用形容词来表达的特征）。如视觉（色泽、大小、形状）。

（3）动词属性（采用动词来表达的特征）。主要指事物的功能方面的特性。

（4）量词属性（采用量词来表达的特征）。如数量、使用寿命、保质期等项目。

如需要改良一只盛水的杯子，乍一看水杯没有什么可改进的。使用属性列举法可把水杯的构造和性能按要求列出，再一一检查后进行改良，会使人豁然开朗，引出新的构思，如表 2-1。

表 2-1　对于水杯的属性列举

（1）名词属性 整体：水杯 部分：杯身、杯盖、杯把手、杯底、杯肚； 材料：玻璃、陶瓷、铁、组合材料； 制作方法：浇铸、硬模等	（2）形容词属性 水杯的颜色有白、绿、红等； 形状有圆、方或特殊形状； 图案各种各样； 水杯的高低、大小均可不同
（3）动词属性 功能方面的特性包括可冲水、盛水、测量、保温等。例如在杯上刻上刻度可当量杯；杯把上装温度计可知水的温度等	（4）量词属性 制作方便，适合批量化生产； 不易破损，使用寿命长； 符合大众审美标准，目标受众广

第三步，从需要出发，对列出的属性进行分析、抽象、与其他物品对比，通过提问的方式来诱发创新思想，采用替代的方法对原属性进行改造。

第四步，应用综合的方法将原属性与新属性进行综合，寻求功能与属性的替代与更新完善，提出新设想。

用属性列举法进行电风扇的创新设计。

（三）引申技法

列举法的引申技法包括缺点列举法、希望点列举法、成对列举法和综合列举法。

（1）缺点列举法。它就是将事物的缺点具体地一一列举出来，然后针对发现的缺点，有的放矢地进行改革，从而获得创造发明的成果。

双面煎鱼锅的发明，为了改善普通锅煎鱼糊锅的缺点；防蚊虫手环改善了普通蚊香、电蚊香以及驱蚊水携带不易，使用麻烦等缺点；无痕钉改善了普通钉子使用留痕而造成不美观的缺点。

（2）希望点列举法。它是通过列举事物被希望具有的特征，经过归纳，沿着所提出的希望达到的目的，进行创造发明的方法。

希望点列举法提出的希望有些是从缺点直接转化而来的，对事物某方面的不满，转变为对此改进的希望。但与缺点列举法相比，它能从正面、积极的因素出发考虑问题，不受现有事物的约束，可以把旧事物整个看成缺点，易产生大的突破，能够在更大程度上开阔思考问题的空间。如飞机、空调、电动牙刷、可视电话、美颜软件、修图软件等的发明。

（3）成对列举法。它是在属性列举法和焦点法的基础上形成的，通过列举两种不同事物的属性，并在这些属性间进行组合，通过相互启发而发现发明目标的方法。

成对列举法的操作步骤：

➢ 确定两个事物为研究对象。

➢ 分别列出两个事物的属性。

➢ 将两个事物的属性一一进行强制组合，如图 2-3 所示。

➢ 分析、筛选可行的组合，形成新的设想。

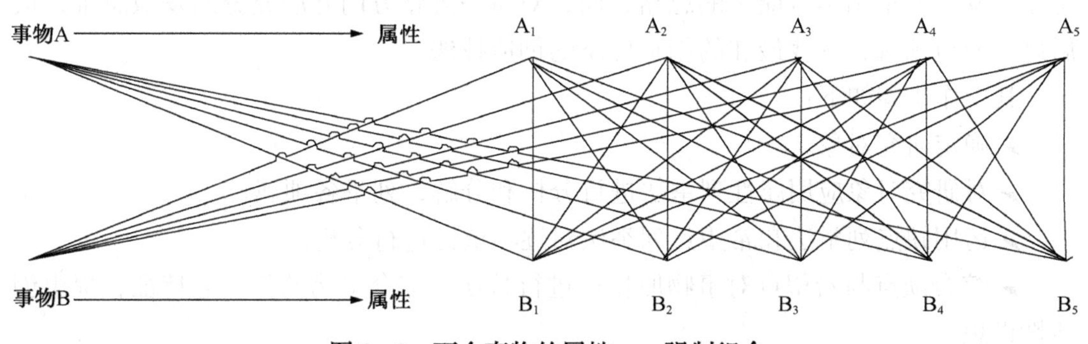

图 2-3　两个事物的属性一一强制组合

案例

应用成对列举法来设计一种新型的灯。

（1）确定灯为 A 事物，为了设计新颖，选择与其差别较大的猫为 B 事物。

（2）分别列出灯和猫的属性。

灯　灯泡　灯罩　灯座　开关

猫　猫头　尾巴　耳朵　爪子

（3）将灯和猫的属性强制组合，如表 2-2。

表 2–2　灯和猫的属性强制组合表

<table>
<tr><td>猫头形状的灯泡</td><td>猫头形状的灯罩</td><td>猫头形状的灯座</td><td>猫头形状的开关</td></tr>
<tr><td colspan="2">可以随意变换角度的细灯管
长筒型灯罩</td><td>可以随意弯曲、调节长短的灯座</td><td>尾巴形状的开关</td></tr>
<tr><td>双灯泡</td><td>灯罩上面有两个耳型透光孔</td><td>耳朵形状的灯座</td><td>声控开关</td></tr>
<tr><td>多个小灯管</td><td>可以收缩调整的灯罩</td><td>爪子形状的灯座</td><td>触摸式开关</td></tr>
</table>

（4）提出新型灯的设想。将上表的各种设想进行分析、综合，提出新型灯的方案如下。

灯泡：多个小灯管，上下串行排列。灯罩：长筒型猫头图案灯罩，可以伸缩调整筒的直径，上面有两个耳形透光孔。灯座：爪子形状的灯座，可以随意弯曲，调节长短。开关：触摸式开关。

（4）综合列举法。它是将属性列举法、缺点列举法和希望点列举法综合起来运用的一种方法。

综合列举法是针对所确定的研究对象，从属性、缺点、希望点或其他任意创造思路出发，列举出尽可能多的思路方向，对每一思路方向开展充分的发散思维，最后进行分析筛选，寻找最佳的创新思路的创造技法。

其操作步骤如下：

➢ 确定研究对象。

➢ 对研究对象应用属性列举法进行分析和分解，列举各项属性。

➢ 运用缺点列举法和希望点列举法对逐项属性进行分析。

➢ 综合缺点与希望点对事物原特征进行替换，综合事物的新、老特征，提出创造性设想。

案例

相机新产品的列举创造法如表 2–3 所示。

表 2–3　相机新产品的列举创造法

相机	名词属性	形容词属性	动词属性
属性列举法	镜头、快门、机身、卷片器	圆的、重的、黑色的、金属的、耐压的	望远拍摄、放底片、留下记录、拍摄风景

续表

相机	名词属性	形容词属性	动词属性
缺点列举法	镜头太小、快门太吵、机身太单薄	质量太大、颜色单一、装底片失败	远拍模糊、调焦缓慢
希望点列举法	镜头加大、电子感应、随眼睛变化、快门声音安静	像鸡蛋造型、轻量化设计	一次装两卷底片、瞬间作望远设定

三、组合法

爱因斯坦曾说:“组合作用似乎是创造性思维的本质特征。”

有人在统计了 1900 年以来的 480 项重大创新成果后发现:20 世纪三四十年代的创新成果是以突破型为主而组合型为次的;五六十年代,两者大体相当;到 80 年代,突破型成果渐趋于次要,组合型成果成了主导。这一情况说明组合创造已经成为当前发明创造的主要方式。

除了在创造发明领域,组合的方法在我们生活中的运用也是非常广泛的,比如我们都知道的组合柜。艺术设计方面也在大量运用,比如我们中国的龙,结合了兽角、马头、鹿角、鱼鳞等很多其他动物特征的超现实形象;西游记里面的孙悟空、猪八戒等,通过组合重造,可以产生很多意想不到的好创意。

(一)什么是组合法

组合创造法是指将两种或两种以上的学说、技术或产品的一部分进行适当的叠加和组合,以形成新学说、新技术、新产品的发明创造和最优结果的方法。组合的思维基础是联想思维,因此通常又称为理想组合。

组合不是简单的凑合在一起,组合的原则是能为人类社会的发展提供动力与便利。常见的组合方法有:同类组合、异类组合、材料组合、原件组合、方法组合、现象组合、技术原理与技术手段组合。这些组合方法的运用比较常见,也容易理解,在此不再做延伸介绍。

除此之外,还有两种比较重要的典型的组合方法:形态分析法以及信息交合法。对于这两种方法我们一起来看一看。

(二)形态分析法

形态分析法以系统分析和综合为基础,用集合理论对研究对象相关形态要素进行分解排列和重新组合，得到所有可能的总体方案，最后通过评价进行选择。

形态分析法的由来：

第二次世界大战期间，美国情报部门探听到法西斯德国正在研制一种新型巡航导弹，但费尽心机也难以获得有关技术情报。然而，火箭专家茨维基博士却在自己的研究室里搜索出法西斯德国正在研制并严加保密的乃是带脉冲发动机的巡航导弹。茨维基博士难道有特异功能？没有。他能够坐在研究室里获得间谍都难以弄到的技术情报，是因为运用了他称之为“形态分析”的思考方法。

在研究过程中，茨维基在当时可能的技术水平上，分析了火箭的各主要的组成要素及可能具有的各种形态，如 2–4 表所示。

表 2–4 形态分析法

火箭必备的要素	形态 1	形态 2	形态 3	形态 4	形态数量统计
发动机工作的媒介物	真空	大气	水	粒子流	4
推进燃料的工作方式	静止	移动	振动	回旋	4
推进燃料的物理状态	气体	液体	固体		3
推进动力的装置类型	内藏	外装	没用		3
点火的类型	自动点火	外点火			2
做功的连续性	持续	断续			2

在此基础上，茨维基利用排列组合原则，最后得到了 576 种不同的导弹方案。经过一一筛选分析，排除已有的、不可行的和不可靠的导弹方案后，他认为只有几种新方案值得人们开发研究，在这少数的几种方案中，就包含有法西斯德国正在研制的方案。

形态分析法的一般步骤：

（1）明确此法所要解决的问题，并加以解释。

（2）把问题分解成若干个基本组成部分，列出有关的独立因素。

（3）建立一个包含所有基本组成部分的多维矩阵（形态模型），在这个矩阵中应包含所有可能的总的解决方案。

（4）检查矩阵中所有的总方案是否可行，并加以分析和评价。

（5）对照产生的方案制定相应的评定标准，并根据评定标准对各个可行的方案进行比较，从中选出一个最佳的总方案。

案例

某厂饮料包装容器的创造方案

➢创造对象：饮料包装容器。

➢要求：携带方便，外观透明，成本低廉等。

➢组成要素：材料、容量、形状、开启方式等。

建立如表 2–5 的多维矩阵。

表 2–5　多维矩阵

组成要素	形态 1	形态 2	形态 3	形态 4	形态 5
材料	纸	金属	玻璃	塑料	
容量	125ml	250ml	500ml	1000ml	2000ml
形状	方形	圆柱形	球形	圆锥形	

评价筛选、组合方案：考虑到对容器的要求，宜采用圆柱形、500ml 装的塑料容器。此案例中，从表 2–5 可知共有：4×5×4 = 80 种方案。如果再考虑开启方式等其他组成要素，其方案数将达到几百种。

应用形态分析进行新品策划，具有系统求解的特点。只要能把现有科技成果可提供的技术手段全部罗列，就可以把现存的可能方案一网打尽，这是形态分析方法的突出优点。但同时也为此法的应用带来了操作上的困难，主要表现在如何从数目庞大的组合中筛选出可行的新品方案。如果选择不当，就可能使组合过程的辛苦付之东流。当然，随着各项统计分析技术的创新以及计算机的广泛运用，从庞大的组合表中进行最佳方案的探索也显得轻而易举。

（三）信息交合法

在组合系列技法的探索中，最具影响的中国特色技法是我国许国泰提出的信息交合法，又称为“魔球法”。它是指将思考对象的所有信息要素按照不同类别分类，每一类作为一条坐标轴，然后根据需要把各种坐标点有机地结合起来，并从各种信息的交合点入手进行创造的一种思维方法。

信息交合法之所以有效，基于它的两个公理和三个定理：

公理 1：不同信息的交合可以产生新信息。

公理 2：不同联系的交合可以产生新联系。

定理 1：人脑中勾勒的映像由信息和联系组成。

定理 2：新信息、新联系在相互作用中产生。

定理 3：具体的信息和联系具有区域性，也就是具有特定的范围和相对的区域与界限。

信息交合法的实施步骤如下：

第一步：定中心。确定所研究的对象或信息，也就是零坐标。

第二步：划标线。用矢量标串起信息序列。

第三步：注标点。在信息标上注明有关信息点。

第四步：相交合。以其中一条标线上的信息为母本，以另一标线上的信息为副本，相交合后可产生新信息。

第五步：筛选。在所有产生的新设想中进行筛选，寻找出最优的方案。

下面以曲别针的用途为例进行展示，如图 2-4 所示。

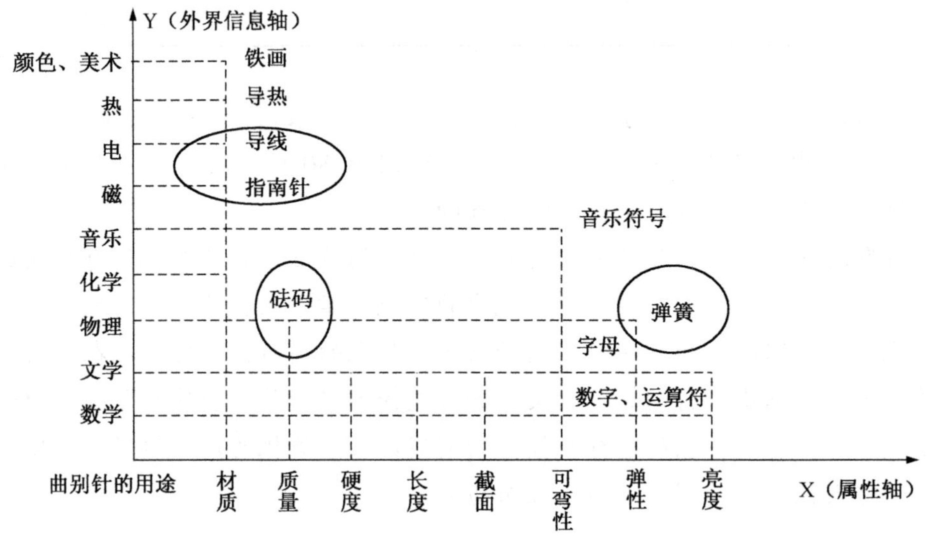

图 2-4　曲别针的用途信息交合图

第一步：定中心——曲别针的用途。

第二步：划标线——X（属性轴）、Y（外界信息轴）。

第三步：注标点——如 X 轴上的材质、质量、硬度、长度……Y 轴上的数学、文学、物理、化学……

第四步：相交合——X 轴上的各个属性与 Y 轴上列的信息进行交合，并进行强制联想。如曲别针的材质与磁、电联系在一起可以是指南针与导线；质量与物理方面的属性联系在一起可以是砝码；弹性与物理属性联系在一起可以是弹簧等。

第五步：筛选——通过交合我们可以得到曲别针的很多用途，从众多用途中找出我们需要的。

运用信息交合法想一想杯子有哪些用途？

四、类比法

案例

蚂蚁寻食与新电脑计算法

美国科学家认为，根据蚂蚁寻找食物的方式可以开发出新的电脑计算方法，以解决寻找最佳路线之类的复杂问题。

科学家发现蚁群寻找食物时会派出一些蚂蚁分头在四周游荡，如果一只蚂蚁找到食物，它就返回巢中通知同伴并沿途留下"信息素"作为蚁群前往食物所在地的标记。信息素会逐渐挥发，如果两只蚂蚁同时找到同一食物，又采取不同路线回到巢中，那么比较绕弯的一条路上信息素的气味会比较淡，蚁群将倾向于沿另一条更近的路线前往食物所在地。

类比蚁群的这种特性，可为电脑开发出新的计算方法，以解决在许多城市之间寻找最佳路线之类的问题。专家将在电脑程序中设计虚拟的"蚂蚁"，让它们摸索不同路线，并留下会随时间逐渐消失的虚拟"信息素"。根据"信息素较浓的路线更近"的原则，可选择出最佳路线。

这种计算方法被称为蚁群优化计算法，就是运用的类比法。它灵活性较高，对环境变化的适应力较强，已经成为很重要的智能算法。

（一）类比法的概念

简单地说，类比法就是把具有一定相似性的两个不同的事物进行比较，以另一事物的正确或谬误证明这一事物的正确或谬误。我们常说的由此及彼、以人推己就是如此。它是运用类比推理形式进行论证的一种平行式思维方法，也就是说无论哪种类比都应该是在同层次之间进行的。

在我们日常认识事物的过程中，常常会在无意中使用类比的方法，从两个事物的一个或者数个相同点或者相似点推想其他相似点，从而对事物一些未知的属性做出推断。反过来，在创造新事物时，我们需要新事物具有一定的属性或特点，是否可以找到具有相同或相似属性的其他已有事物，将决定该属性的形状、结构、原理等运用于我们需要的、正在创造的事物呢？

案例

可口可乐瓶子的发明

制瓶工人罗特，有一天看到他的女朋友穿着一套膝盖上面部分较窄，使腰部显得很有魅力的裙子。罗特的双眼紧盯着这条裙子，越看越觉得线条优美。他想，如果能制作出像这条裙子形状的瓶子也许不错。于是他立即加以研究，经过半个多月的努力，一种新式的瓶子问世了。1923 年，罗特把这项专利权以 600 万美元卖给了可口可乐公司，因而成为富翁。

对于类比法的基本原理，可以用下列模式来表示：

A 对象具有属性 a、b、c，另有属性 d，B 对象具有属性 a、b、c，所以，B 对象具有属性 d。

（二）异质同化和同质异化

类比法的基础是比较，它的运作原理包括两个方面：异质同化和同质异化。异质同化是指在创造发明新事物时，借助现有事物的知识进行分析研究，找出待创造事物和现有事物之间的相同点或相似点的过程。而同质异化是指把决定现有事物与待发明事物相同点或相似点的原理、结构、形状等结合运用于发明创造，创造出具有该相同点或相似点的新事物。

在运用类比法时，异质同化和同质异化两个方面缺一不可。异质同化是前提和基础；同质异化是创造发明的关键环节。一个新事物的创造发明必须把这两个方面结合起来，运用辩证统一的观点，分析解决问题。

案例

充气轮胎的问世

邓禄普轮胎的创造者邓禄普在发明充气轮胎之前，橡胶是直接裹在车轮上的，无论橡胶太软还是太硬坐在车上的人都会感觉不舒服。为了满足儿子骑上舒适的三轮自行车的愿望，邓禄普决定对橡胶轮胎进行改革。有一天，玩足球的孩子们不小心把足球踢到了邓禄普的脸上，就在那一瞬间，邓禄普想到了像足球一样给轮胎充气，就这样，充气轮胎诞生了。

有的类比联系可能不够明显，发明物可能是若干种不同原型的不同方面的综合。如易拉罐的发明就是结合了蛤蜊开口的原理、凤仙花荚果开口的结构和火山口形成的原理。将这些特征加以综合，形成满足人们需要的新事物。

有的发明物与原型之间只是在结构、功能、原理的某一方面相似。如保温杯的发明就是利用保温瓶的保温原理，但将保温瓶的外形、结构异化成杯子，使其既具有保温功能，又具有杯子的功能。

类比的关键是发现和找出原型，也就是类比对象。从熟悉的对象类推出陌生的事物，从已知探索未知。如果没有类比的对象，类比的方法就无从运用。

（三）类比的类型

在以类比为基础展开联想或联系时，实际的联接方式会有不同。美国创造学家戈登把创造过程中的类比分为五大类型：

（1）直接类比。

从自然界的现象或人类社会已有的发明成果中寻找与创造对象相类似的事物，并通过比较启发出创造性设想。如挖掘机、甲壳虫汽车、北京的“鸟巢”。

（2）拟人类比。

拟人类比也称感情移入或角色扮演。把创造发明的对象或者某个因素人格化。如机械人的设计主要是模拟人的动作。

（3）幻想类比。

幻想类比就是将幻想中的事物与要解决的问题进行类比，由此产生新的思考问题的角度。借用科学幻想、神话传说中的大胆想象来启发思维，在许多时候是相当有效的。

某大学生根据孙悟空的金箍棒变大变小、收缩自如的特点进行幻想类比，结果发明了一个可以伸缩的自行车把。当这种车把接触到地面时，车把外层的套筒会随着里面的弹簧收缩从而吸收掉将近50%的冲击力，减少对人体的伤害。

（4）因果类比。

两个事物之间都有某些属性，各属性之间可能存在着同一种因果关系，根据某一个事物的因果关系推出另一个事物的因果关系，这种类比就叫作因果类比。在创造过程中，掌握了某种因果关系并进行触类旁通，有可能获得新的启发，产生新的创意。

（5）综合类比。

根据一个对象要素间的多种关系与另一对象综合相似而进行的类比推理，叫作综合类比。两个对象要素的多种关系综合相似，就意味着它们的结构相似，由结构相似可推出它们的整体特征和功能相似。

例如，我们都经历过的模拟考试，先出一张试卷，在这种试卷中综合了将来正式考试中可能会出现的题目的各种类型、覆盖面、题量、难度，以及学生可能会出现的各种竞技状态，通过这样的综合类比考试，使学生对正式考试的各种情景有所了解，并能对自己作出一定的评价，然后进行有重点的、有针对性的复习。

（四）典型技法——综摄法

在类比法中，最典型的是综摄法，所谓的提喻法、集思法、群辨法、分合法等都是指在类比基础上的综摄法，这是一种理论性和操作性强的创造技法。综摄法是指从已知的事物出发，将毫无联系的、不同的知识要素结合起来，从不同的角度分析未知的事物，从而使理想中的未知事物成为现实的过程。

综摄法的基本原理：变陌生为熟悉和变熟悉为陌生。

变陌生为熟悉。就是类比法中的异质同化阶段，主要是借助于分析，设法将陌生的事物分解，尽可能地将其变为以前熟悉的事物。

案例

静电喷漆工艺的发明

哈罗德·兰斯伯格在使用空气喷枪给甜饼罐喷漆时，油漆乱飞，浪费严重。如何才能使油漆不乱飞呢？他想起了上中学时的静电吸附实验。于是想到如果采用一定的装置使漆带上静电，而待喷漆的金属物品与地线连通，漆粒就会自动飞向目标，这样就利用已知的静电吸附知识发明了静电喷漆工艺。

变熟悉为陌生。对各种已知的熟悉事物，运用全新的方式，从新的角度进行观察、分析，将熟悉的变成不熟悉的，才能真正创造出新的事物或提出新的方案。变熟悉为陌生，需要打破旧框框，使人的思维跳出已有的习惯。

案例

西堀队长的灵感

日本南极探险队第一次准备在南极过冬，当时南极越冬队正在设法用输送管把汽油运到越冬基地。因为是初到南极过冬，实地操作时才发现输送管的长度根本不够，一下子没有备用的管子。这下所有的队员都呆住了，不知该怎么办才好。

这时，队长西堀荣三郎突然提出了一个很奇特的设想，他说："我们用冰来做管子吧！"因为南极非常冷，水在碰到外界空气的瞬间就会变成冰，真可以说是滴水成冰。但问题的关键是怎样使冰形成管状，而且在中途不会断裂。西堀队长很快又有了灵感："我们不是有医疗用的绷带吗？就把它缠着铁管上，上面再淋上水让它结冰，然后拔出铁管，不就成了冰管子了吗？用这种方法做冰管子，再把它们一截一截连接起来，要多长就有多长。"

（五）基本类比法

类比技法中，有一些理论体系性不强，突出个体创造，常广泛使用的基本类比技法。如原型启发法、移植法、仿生法等。

（1）原型启发法。

原型启发法是一种最为笼统的类比方法，也称垫脚石法，是指通过观察找到原型，在原型的启发下，产生创新设想的技法。它是根据人的创造性思维和运行方式，将偶然遇到的某些事物经过观察和分析，突然间启发出灵感。

案例

近视眼治疗方法的研究

在俄罗斯，有一位近视眼患者不小心刺伤了自己的眼睛。医生检查后，发现他的眼角膜划伤了几处，经过敷药治疗，伤口痊愈。检查视力时，发现近视程度大为减轻。眼科医生猜想也许恰当的划伤可以改变眼睛的屈光度。于是经过反复试验，终于摸索出了治疗近视眼的方法。

（2）移植法。

移植法就是将某个领域的原理、方法等引用和渗透到其他领域，用以改造旧事物或创造新事物，所以移植法又称渗透法。移植法是一种侧向思维方法。和原型启发法相比，移植法是更为具体的类比，其发明物与利用物之间有明显的相似之处。而且移植前，发明者有明确的目标，即移植的方向，从目标出发来寻找欲移植的对象。

通过发酵蒸制或烤制的面包松软可口，这种发酵技术中的关键是发泡方法。美国人将发泡方法移植到橡胶生产中，发明了橡胶海绵；德国工程师将发泡方法移植到塑料加工中，发明了泡沫塑料；日本人铃木信一博士将发泡方法移植到水泥制品的生产中，发明了发泡混凝土预制件，广泛用作高层建筑和隔音保暖材料。

（3）仿生法。

仿生法是指通过模拟生物的结构、功能或原理等而进行发明创造的方法。

生物在自然进化中，经历了亿万年的筛选、淘汰和改进，通过自然选择，每种能够生存的生物都有别的生物所不具备的特点和功能，这些特点和功能便成为人们创造活动模仿的对象。

如蝙蝠可以发出和接收超声波，狗的鼻子可以感觉出200万种物质和不同浓度的气味等，这些功能都已被人类所认识和利用。随着科学技术的发展，自然界中生物系统的这些奇妙功能愈来愈为人类所认识和把握，从生物索取启迪，是现代发明创造的一个重要趋势。

本章总结

1. 思考对我们来说意义深远，更是社会创新发展的动力。创意思考需借助于创意思维，创意思维是一种能力，一种智慧，它不是先天形成的，是可以而且需要通过科学、合理的方式进行培养的。所以我们应重视创意思维的培养。

2. 创造性思维可主要分为逻辑性思维和非逻辑性思维两个方面。其中又根据它们的特点统分为四对，共八个方向的创造性思维类型。各组思维方式都是相互对应，互为补充的。我们在思考过程中一定要结合起来，协调合理运用才能便于问题的顺利解决。

3. 创意思维的具体方式有很多，我们应在充分了解的基础上，适当掌握，并有意识地通过合理运用去培养与强化自己的创意思维。

本章的内容学到这里，请在下面写下自己的学习和训练体会，帮助自己进一步提高。

本章习题

1. 分别通过上述课程所讲的创意思考的类型与实施方法思考：如何解决城市中汽车造成的拥堵问题？

2. 如何解决或改善大学生上课迟到、旷课问题？请综合运用多种思维方法给出极具创意又现实可行的解决方案。

3. 每天至少一次通过刻意的问题思考来培养创意思维能力。

第三章 批判性思维

本章重点

◎ 什么是批判性思维
◎ 批判性思维的作用
◎ 批判性思维在学习工作中的应用

本章难点

◎ 批判性思维的障碍
◎ 批判性思维的重要性
◎ 批判性阅读与批判性写作
◎ 批判性思维与科学创新

目前，来自教育界和学术界的人士，越来越关注学生思考方式和思考技能的培养，特别是创意思考和批判思考能力的培养。一般认为，具有创意思考和批判思考能力的人，能够更有效地分析、反思、选择和创新，能够更有效地解决问题并作出最优决策。当前大部分学生在学习、生活、独立创造、发展完善等各方面的批判性思考还很不成熟，面对纷繁复杂的万事万物，往往以感情代替理智，用感觉代替分析，把部分看成整体，将现象误作本质，导致他们明辨、品评、检验能力低下，也就是批判能力差。如何培养和提高学生的批判性思维？

本章主要讲述了批判性思维的概念，培养批判性思维的必要性，如何提高批判性思维能力，及批判性思维在日常学习、工作中的重要应用。

第一节 批判性思维概述

一、什么是批判性思维

批判性思维（critical thinking）可追溯至苏格拉底所提倡的一种探究性质疑。

在现代它源于杜威的反思性思维：能动、持续和细致地思考任何信念或被假定的知识形式，洞悉支持它的理由及其进一步指向的结论。

20世纪40年代批判性思维是美国教育改革的一个主题；20世纪70年代在美国、英国、加拿大等国教育领域兴起“批判性思维运动”；80年代批判性思维成为教育改革的焦点；90年代开始，美国教育的各层次都将批判性思维作为教育和教学的基本目标，是大学课程中的必修课程。

中国早在几千年前就有批判性思维的概念和运用，例如：

孔子对反思的强调：“博学而笃志，切问而近思，仁在其中矣。”“见贤思齐焉，见不贤而内自省也。”

《中庸》中提到：“博学之，审问之，慎思之，明辨之，笃行之。”

那么什么是批判性思维呢？

批判（critical）一词源于希腊文kriticos（提问、理解某物的意义和有能力分析，即辨明或判断的能力）和kriterion（标准）。最有名最简洁的定义（R.恩尼斯）：批判性思维是合理的、反思性的思维，其目的在于决定我们的信念和行动。

根据态度、能力、过程和方法给出批判性的定义：批判性思维是一种评估、比较、分析、批判和综合信息的能力。批判性思维者愿意探索艰难的问题，包括向流行的看法挑战。批判性思维的核心是主动评估观念的愿望。在某种意义上，它是跳出自我，反思自己思维的能力。

因此，批判性思维，简单的理解就是有自己对事物怀疑批判的看法。批判强调的是敢于提出不同于常理但又有道理的问题，然后坚持自己的观点，不断探索出真理。

案例

1. 教授在我的作文成绩上欺骗了我，他对一些主题的评分要求比较高。

问题：他对每个人采用了同样的评分标准吗？这种不同的衡量标准是正当的吗？

2. 在妇女进入劳动力市场之前，离婚的人较少。这说明妇女应该待在家庭。

问题：你如何知道是这个因素而不是其他因素导致了离婚人数的增加？

3. 大学教育不值你所付出的学费，有些人的工资水平从来没有超过大学学费的水平。

问题：金钱是衡量教育价值的唯一尺度吗？对自己和自己的生活加深理解、应付挑战能力的提高价值如何？

二、批判性思维的构成

批判性思维基本由三方面构成：知识、意识和技巧。

1. 知识

批判性思维并不是来自真空，它建立在对原有知识的批判上，思考问题需要特定领域的知识。知识在批判性思考中扮演着非常重要的角色，它是进行有效批判思考的先决条件。

2. 意识

批判性思维的意识是指进行批判思考的态度、倾向和意志，也就是具有批判精神。对于我们而言，批判精神包括以下几个要素：

独立自主：要有自己的思想和主见，不要人云亦云。

充满自信：相信自己，勇于面对困难。

乐于思考：主动思考，善于提问。

不迷信权威：真理是相对的，对于书本上的知识和专家学者的权威观点，要有怀疑的精神。

头脑开放：开阔自己的眼界和知识面，善于接受各种有益的信息。

尊重他人：我们所处的社会是个多元化的社会，允许有不同思想、观点的碰撞和共存，在批判的同时，要尊重他人的智力成果和思想。

3. 技巧

批判性思维常常是为了解决问题，因此，运用适当的思维技巧和策略来解决问题是必要的。这些技巧包括一般性技巧（如比较、分类、分析、综合、归纳和演绎等），同时还要具有一些特定的批判性思维技能。

并不是每个人都能轻易拥有批判性思维的能力，这其中的障碍因人而异，但人们通常能够克服这些障碍。

三、批判性思维的主要障碍

我们来看看阻碍批判性思维的主要因素，也希望大家想一想，这些障碍对我们是不是也有影响。

1. 高估自己的理论能力

大部分人都认为自己是理性的动物，自己的行为与想法都有充足的理由。为了让日常生活更有效率，大多数时间我们的思考都是自动进行的。也正是因为这样，我们很容易形成不好的思维习惯。不精确、不正确、不合逻辑的思考，没有办法帮助我们培养学术和专业领域进阶所需的心智能力。

2. 缺乏方法、策略或练习

有了想让批判能力更进一步的意愿，却可能遇到两种情况。一种是不知道怎么改进；另一种是日常生活以及基本求学所用的思考方法，不足以应付学习与专业工作。值得庆幸的是，经由练习，大多数人都可以逐渐养成批判性思维的习惯。

3. 抗拒新的学习行为

学习的目的是培养理解力与洞察力。教师在教学中会设计各种活动，以达成教学目标，但是我们却可能无法领略这些教学活动的用处，而希望老师直接提供事实与答案。殊不知，这些方法可以帮助我们学会独立思考。要培养批判性思维的能力，就必须先接受新的学习行为，而我们却习惯性产生抗拒心理。

4. 误把资讯当了解

批判性思维讲求精准正确，这需要注意细节才能做到。只依据大致情况或一般资讯做出判断，往往会提出不好的意见。有良好的思辨品质，必须专注于手边的线索与材料，不能被五花八门的资料干扰而分散精力。

思考问题

哪些障碍影响了我们？

➢ 误解批评的真意。

➢ 缺乏方法与策略。

➢ 缺乏练习。

➢ 不敢批评有经验的专家。

➢ 情感因素。

➢ 误把资讯当了解。

➢ 不够注意细节。

想一想在未来的学习工作中，我们可以用什么方法来面对这些障碍？

当我们具备了进行批判性思考的知识、意识和技巧，就能运用这些已有的基础去完成整个批判性思考活动。批判性思维的基本活动包括调查、解释和判断。批判性思维各项活动的要求见表 3-1。

表 3-1　批判性思维各项活动的要求

活动定义	要　求	
调查	发现证据——回答有关该议题关键问题的资料	证据必须是相关和充分的
解释	判断证据的意义是什么	这种解释必须比其他竞争的解释更合理
判断	就此议题提出结论	这个结论必须通过逻辑检验

为完成批判性思考的基本活动需要广泛的技巧与科学的态度：

➢ 辨识他人的立场、论点与结论。

➢ 评估支持其他观点的证据。

➢ 客观衡量对立的论点与证据。

➢ 能够看穿表面，体会言外之意，并且看出错误或不客观的假设。

➢ 学会运用逻辑更深入系统地去思考各种议题。

➢ 根据具体证据及合理假设，决定论点是否正当可信。

➢ 表达个人观点时能够条理分明，足以说服他人。

批判性思维是一个完整的过程，它需要我们摆脱思维惯性，对所接触的信息进行重新审视，探究信息的内涵，有选择地吸收信息。当我们开始有意识地运用批判性思维的技巧，我们就在成为批判性思维者的路上了！

第二节 批判性思维的作用

一、我们为什么要具备批判性思维

首先，21 世纪是一个信息时代。信息时代的一个重要特点就是知识的产生和传播都以前所未有的高速度进行。信息高速公路、国际互联网技术的成熟，一方面增加了知识产生和传递的速度，另一方面也使知识的参差不齐现象更为严重。即使互联网能快速地对人们生活中和工作中遇到的任何一个问题提供无数的答案，但是如果人们不知道答案的确切含义，无数的答案只会是学生的一种负担。缺乏足够批判性思维的学生，就会被信息时代浩如烟海般的知识所淹没。

其次，批判性思维与创新精神、创新能力的培养关系密切。要创造，就要求大众善于发现问题，善于从普遍认为是定论、真理、不可更改的事实中找出不合理的因素，善于用批判的眼光去看待遇到的一切事物。这要求人们要有批判性精神，还要有进行批判所必备的思维能力。

最后，在现代社会里，大众接受的大多是间接知识。即便是直接知识，也普遍受到已有知识的影响。日积月累，人们越来越习惯于盲信。由于科学不可能一下子解决人们的所有问题，就为迷信留下了生存空间，加上现代迷信不断借助现代科学技术的概念与术语进行诠释，使其比以往任何迷信都更具迷惑力和煽动力，要一下识破它们变得更加困难。如果人们缺乏应有的批判性思维就容易上当受骗，有时甚至会引发不同程度的社会危机、动荡和不安。

批判性精神，需要有责任感和使命感，需要认知的成熟性；批判性精神，要有思想的开放性和独立性，有对否定的自信心和乐观性；批判性精神的培养，还需要学生有对事物的好奇心与探究性。为此，批判性精神的增强需要不断地进行学科渗透，进行多途径的训练。

案例

谣言并不可怕，可怕的是大多数人信谣

“那天一大早，我在开心网上看到一则关于郭美美登上美国《时代》杂志封面的转帖，该转帖还附上了杂志封面的截图。”小杨回忆。

学外语出身的小杨有阅读英文报刊的习惯，他很有兴趣地去查看当天的《时

代》杂志网站，因为网站首页上就可以查到最近几期的封面图像。当期，没有；之前几期，也没有。“我看到那条转帖的时候，已经有 200 多条留言，一如既往全是指责，骂声一片。”小杨说。

他在 200 多条评论之后，回复了第一条质疑的评论：“我查了今天的《时代》杂志网站，没有这个封面。”“有那么多人附和谣言，为什么就没有人质疑呢？”

二、批判性思维的重要性

批判性思维在我们日常问题的解决中扮演着重要的角色。其主要原因在于，在解决争议时，有些看似合理的想法，尽管能够完美地协调各方面观点，但也可能存在瑕疵；其次，没有任何一个解决方案是完美无瑕的，无论它有多么创新，也难以做到面面俱到，因而，总会有提升的空间。而批判性思维能够帮助我们更快捷地找到问题关键点，提高我们的思考力和辨别力，更好地辨析这些有争议的观点和解决方案。

一个好的思维方式能给我们的生活、学习带来深刻的影响。批判性思维可以给我们的生活、学习带来无穷的好处：

- 注意力与观察力会提高。
- 阅读会更专心。
- 更快找到重点，不会被次要问题干扰。
- 更能针对重点做出回应。
- 更容易让别人了解自己的观点。
- 分析技巧更多元，面对各种状况都能加以应对。

三、批判性思维的主要作用

1. 提高思维能力

批判性思维能帮助我们松软板结的思维土壤，激活僵死的思维系统，增强思维空间的兼容性。批判性思维不能代替我们做出什么是应该去做的事情、哪种信念值得被接受等具体的决定，但是，思维土壤的改善、思维空间的拓展和思考系统的优化有助于我们的思维清晰流畅、有序而生动活泼地进行，它能帮助我们进行观念的更新和做出正当合理的决定。

批判性思维讲求精确，需要很长的时间才能养成批判性思维的能力，不过一旦学会，我们就能迅速正确掌握最重要的信息，这反而节省了许多时间。

学会批判性思考还有附加好处，因为我们可以同时养成更多其他能力：

- 观察力。
- 推理能力。
- 决策能力。
- 分析能力。
- 判断力。
- 说服力。

2. 切实的自我评价

在工作、学习中，如果我们思考技巧薄弱，又缺乏自觉，就可能在职场上表现得不尽如人意，在学业上也得不到好成绩。在工作、求学、阅读或是上网时，我们很多人都高估了自己的思考能力。我们很容易就认为自己的观点客观合理、不偏不倚，但旁观的人可能不以为然。当我们具有批判精神时，我们会头脑开放，大胆求真，具有较强的独立精神，具有独特的人格魅力。当我们熟练地掌握批判性思维技巧后，就能有信心应付复杂的问题与计划，并且得到满意的结果，也能更清楚地评价自我、看待自我。

3. 提高信息获取能力

批判性思维在信息社会具有独特地位和重要作用。21 世纪是一个信息化时代，面对无数的信息选择，如果我们缺乏批判性思维，不能对信息进行选择和取舍，就会陷入“信息无知”和“信息消化不良”的状态，就会被这个时代浩如烟海的信息所淹没；如果不具备对来自互联网、各种大众媒体的知识进行辨别与区分的能力，就不能抵制各种消极思想的影响，会被各种似是而非的解决方案所迷惑，被他人别有用心的谎言所误导。可以说，没有批判性思维能力的人是很难在现在的社会取得成功的。

4. 提高适应未来社会的能力

在“知识爆炸”和知识更新不断加快的时代，我们在学校学到的大量知识会在我们走进社会后被遗忘，即使没有被遗忘，也会成为过时的东西。知识具有遗忘性、暂时性和发展性的特点，因此我们更需要的是获得知识和更新知识的能力，而不仅仅是一味强调对信息知识的掌握。批判性思维是一种求知和探索的能力，它能在我们一生的学习中发挥长久的作用，提高我们适应社会的能力。

5. 提高创新思维意识和创新能力

批判性思维是培养高素质创新人才的关键。知识的增长不是新知识叠加旧知识的过程，而是一个对原有知识不断修正甚至全部抛弃的过程。对我们来说，掌握和理解原有知识固然重要，但完成知识更新只是我们工作的一部分，更重要的是对这些知识进行批判和反驳，并在此基础上提出新的知识假设。没有批判反驳的意识和能力，就容易陷入原有知识的陷阱中不能自拔，渐渐形成盲从的习惯。批判性思维是创造性思维的动力和基础，没有批判就没有创造。我们只有在批判思维的过程中，才能学会“反省的怀疑”“有根据的判断”，激发大胆的想象，提出新问题，探索和发现解决的办法。

6. 对促进教育改革和社会发展具有重要意义

批判性思维的培养对促进教育和社会经济发展具有重要的价值。传统的教育在很大程度上是传递已有知识体系，维护现实社会体制和文化，而现代教育的使命却是改革社会，创新文化体系。在这一过程中，批判性思维不仅要对传统文化进行反思，而且要对全球化过程中的文化碰撞、文化交流持理性的判断与客观批判。此外，随着经济发展从产业经济向知识经济转化，制造业的从业人数不断减少，对“知识工人”的需求不断增加。对于国家而言，处理信息的“知识工人”是社会最有价值的财富，是经济强劲和持续发展的重要保证。正是在这个意义上，美国学者认为，社会成员批判性思维能力的发展将决定一个国家的生活质量乃至整个世界的未来。

第三节 批判性思维的应用

一、批判性阅读

哈佛大学的标志是三本书，两本朝上打开着，一本朝下盖着。这是想告诉学生们，书本传播了知识、传播了真理，但书本也传播了谬误。希望自己的学生是不唯书、不唯上的，有着独立的思考和批判的精神。

批判性阅读会涉及分析、思考、评估和判断，一般会比消遣式的阅读或以寻找背景知识为目的的阅读速度慢，当然，当我们熟练掌握了批判性阅读的技巧之后，阅读也会更快、更准确。

1. 为批判性阅读做准备

脱离了上下文情景的信息一般很难弄明白。阅读新材料时，一些基本的准备工作可以帮到我们：

（1）了解主要论证的结构。

（2）更好地记住总论证。

（3）更好地理解某些信息。

（4）了解理由和证据是如何支持主要论证的。

2. 寻找论证

一旦迅速找到了相关信息，就可以用批判性思维方法来找出论证：

（1）找出作者的立场——文章想让我们做什么、想什么、接受什么或相信什么。

（2）寻找支持结论的理由。

一旦找到了论证，就可以放慢阅读速度，进一步运用批判性思维方法详细阅读。

如果一个论证的理由是真实的或可接受的，而且其推理是有效的或者是强有力的，我们就说这个论证是可靠的，论证的可靠性是批判性阅读所关注的核心目标。

在寻找论证时，我们必须了解理论与论证的联系与区别。

理论是帮助解释某事物为什么会发生，或以何种特定形式发生，并预测可能结果的一组理念。理论建立在论证和推理的基础之上，只不过还没有得到确实的验证。理论可以作为论证的基础，如果理论给出了理由和结论，并试图进行说服，那它也可以直接作为论证。

案例

马克思的经济理论认为，财富最终汇集到了少数人的手中。某研究项目根据对马克思理论的解读，认为虽然英国公共服务的非国有化导致了短期内公司数量的增加，但几十年后收购与合并会导致很多规模较小的公司倒闭。因此，这些行业的财富未来将属于少数超级公司。研究的假设是，30 年后，英国曾经的国有行业将有 75% 落入每个行业不超过 3 个的超级公司的手中。

文中的主要论证是，几十年后，曾经国有行业的小公司会被并入几家超级公司。作者明确了论辩的立足点是对某一特定经济理论的解释。

当我们将论证的观点带入到文章的阅读时，就可以形成一个完整的阅读过程：

（1）分析作者的写作意图：提供信息、劝说教育、娱乐逗趣等。

（2）找出作者试图确定的论点，找出全文的主题论述。

（3）发现作者陈述其论点的证据。

（4）分辨这些证据使用的是事实还是理论和信念。

（5）区分客观事实和主观看法。

（6）总结作者得出了什么结论。

（7）为什么接受或否认作者的观点。

3. 信息分类

我们在进行阅读时可能需要涉及很多信息，我们只会用到我们所读到的一部分信息，批判性思维需要我们决定：

（1）如何分配阅读时间。

（2）如何专注地批判思考。

（3）将哪些内容标记起来备用。

（4）哪些材料可以用在我们的任务中，哪些不需要。

（5）组织好材料和思维中的信息有助于我们做出批判选择。

信息分类有助于识别不同信息类型之间的联系，是很有必要的步骤，通过它我们更容易比较信息。在给信息分类时，有一些标题是很重要的参考。表 3-2 是批判性阅读的信息分类。

除了这些分类，还有政治类、法律类等。

表 3-2　批判性阅读信息分类

文化类	与某一社会的理念、习俗和人工制品有关
经济类	与经济体有关
道德类	关于是非的问题
哲学类	与知识的研究有关
科学类	源于一个可重复的系统或实验方法
社会学类	与人类社会的发展或组织有关
诡辩类	似乎很聪明但是具有误导性的论证

4. 做笔记以辅助批判性阅读

笔记是支持我们开展批判性阅读的重要手段，我们做笔记的主要目的是分析论辩。在做批判性阅读笔记时，不能不加区分地摘录信息，这样我们就会丢失批判性阅读与思考的着眼点，找不出最相关的观点。

表 3-3、表 3-4 展示了批判性阅读笔记的模板。

表 3-3　简洁的批判性阅读笔记：分析论证

作者的立场 / 理论立场	
关键的背景信息	
总论证或假设	
结论	
支持理由	1. 2. 3. 4. 5.
推理过程和支持证据的强弱	
论证的缺陷和漏洞，或论证与支持证据的其他缺陷	

表 3-4　简洁的批判性阅读笔记：文章和论文

假设：该文章 / 论文旨在证明什么，研究假设是否得到支持	
该研究的理论立场和理论类型	
该文章 / 论文用作背景的关键文献是什么	
采用的研究方法是什么	
采用了什么种类的样本	
关键结果	
关键结论或建议	
研究的有利之处： 1. 文中是否给出假设和方法来验证假设、样本类型、控制变量，并提出建议 2. 是否考虑了道德因素	
研究的薄弱环节： 1. 该研究的局限之处是什么，不适用的情况是什么 2. 该研究、假设、研究设计及方法、样本类型及规模，以及由结果得出的结论是否有缺陷	

批判性阅读往往是和批判性写作相辅相成、密不可分的，我们会在下面对批判性写作进行进一步的探讨。

思考问题

用以上提到的批判性阅读通用种类给下面的论证分类：

1. 越来越多的人下载免费音乐，并和朋友分享，这种善意应该得到赞扬。到2015 年，可能每个人都至少做过一次了。如果每个人都做某件事，那么这件事可能就不是坏事，如果不是坏事，那么何罪之有？

2. 从书、文章和互联网上不写明出处地复制文章是盗窃行为——是对他人知识产权的偷窃。大学对这种行为的处理非常严肃。盗窃意味着知道自己在拿一些不该拿的东西。大多数人知道如果用了和信息源一模一样材料的话，必须写明出处。但是也有学生持有一种错误观念，认为只要改动几处措辞，抄袭整个章节也是可以的。

二、批判性写作

批判性写作与批判性阅读有着密切的关系，可以说，撰写批判性阅读的读书报告就是批判性写作。学习批判性写作对养成批判性阅读习惯，提高和运用批判性思考的能力很有帮助。

广义的批判性写作指的是运用批判性思考的技术和方法进行写作的一种方式。狭义的批判性写作指的是一种评估性写作，根据批判性思维的一系列准则对给出的论证的可靠性进行评估，并写出分析评估报告。我们在这里主要针对狭义的批判性写作进行学习。

批判性写作在日常思维中的应用，针对的都是整篇的文章、报告和论辩等。为了方便掌握批判性写作的步骤和方法，以及由此集中训练批判性思考的能力，培养批判性阅读习惯，我们以一段从整篇文章中摘取的论证作为例子，介绍批判性写作的步骤和方法。

案例

加工业的成本会随着它经营时间的增加而逐渐下降，这是由于企业能运用不断积累的经验来改进工艺、提高效率。以彩照冲印为例，2000 年冲印一张普通彩照的成本是 0.6 元，到 2010 年下降为 0.2 元。食品加工的情况也一样。我们公司马上要迎来 25 周年庆典，这么长的经营经验，无疑可以使我们建立信心：本公司可以实现成本最小化和利润最大化。

思考　批判性写作的要求：讨论该论证运用推理的合理性情况，在论述中必须对论证中的推理方法和论据的使用作出分析。例如，考虑有哪些作为思考基础的假设是存在疑问的，对所用论据是否存在其他可能的解释，是否存在明显的逻辑漏洞，或者可能削弱结果的反例等。我们也可以讨论什么样的论证能强化或削弱该证据，对论证做怎样的调整能使它更加可靠，或者还需要提供哪些方面的信息能帮助我们更好地评估该论证的结论。

第一步：如何发现批判性写作的分论点？

A. 识别：提出批判性问题

结论是什么？

结论：本公司有信心实现成本最小化和利润最大化。

主要依据是什么？

主要依据：经营经验的积累，彩照冲印仅 10 年，本公司将近 25 年。

B. 分析：提出批判性问题

结论中的主要概念是什么？

主要概念：成本最小化，利润最大化（核心概念）。

论据的支持能力如何？

论据的支持之一：经营经验不足以保证实现成本最小化的目标。

论据的支持之二：经营经验即使能够保证实现成本最小化的目标，它仍然不足以保证公司实现利润最大化的目标，因为，成本最小化只是实现利润最大化的有利条件之一。

C. 评估：概念、理由和论证方法有哪些缺陷

错误类比：工业品加工与食品加工有实质性差别，如食品加工有保险和卫生等要求，而工业品加工则没有这类要求。

令人高度质疑的假设：除非假设经营经验是影响成本最小化和利润最大化的唯一因素，否则，论证不能成立。

混淆条件：将实现利润最大化的必要条件视为充分条件。

第二步：如何对评估的分论点进行论证？

A. 使用反例削弱方法，寻找支持分论点的理由

为什么经营经验不足以保证实现成本最小化？——分析影响成本最小化的其他因素。

B. 识别与阐述：熟悉常见错误的特征及其表述

为什么说论证中的类比是错误的？——指出不可比的因素。

为什么说论证所依赖的假设是不成立的？——指出与假设相关的反例。

为什么说论证犯了“混淆条件”的错误？——误将必要条件视为充分条件。

第三步：如何组织文章结构、进行语言表达？

A. 结构安排

从哪开始？——遵循由浅入深的原则。表面：经营经验与成本最小化的关系；深层：成本最小化与利润最大化的关系。

在哪展开？——在主要依据（经营经验）与核心概念（利润最大化）的关系上展开。

到哪结束？——对严重的逻辑漏洞做总体的分析与概括，杜绝夸张性语言。

详略得当——掌握好对分论点进行论证的尺度，避免多余的解释。

怎样表述逻辑缺陷？——避免使用标签式词语，使用解释逻辑错误的通俗性语言。

案例

经营经验是影响利润最大化的唯一因素吗

可夫食品集团认为有信心实现成本最小化和利润最大化这一经营目标，但是，这一信念赖以产生的依据是不可靠的。

其一，可夫公司仅靠近25年的经营经验不足以保证他们实现成本最小化的目标。诚然，技术和经验的提高能帮助食品加工降低成本，而其他一些特殊的因素可能会导致加工成本的增加。比如，为了加强食品加工业法人的行为规范，政府和卫生部门可能会颁布和执行更严格的卫生检查标准；与食品加工相关的生产、贮存等环节的卫生条件的改善，也会增加食品加工的成本。因此单凭经营经验不足以保证实现成本最小化的目标。

其二，即使可夫公司能以25年的经营经验保证他们实现成本最小化的目标，这一目标的实现仍然不足以保证该公司利润最大化。公司的利润收益取决于多方面的因素，降低加工成本只是因素之一，其他诸如产品销售情况、原材料供应、消费者的偏好、市场竞争等，这些方面发生任何不利的变化，都会影响公司的利润。公司必须加强在这些方面的应变能力，才有可能实现利润最大化的目标，仅依靠长期的经营经验是远远不够的。

其三，对工业品加工来说，随着经营时间的延长和技术与管理水平的提高，通常会降低加工成本，增加收益。但是，由于食品加工与工业品加工之间存在许多不可比的因素，如卫生和保险等方面的要求，简单地将工业品加工中的一般情况推广到食品加工业是错误的类比，所以彩照冲印的事例缺乏说服力。

总之，该报道的结论是在假设经营经验是保证实现成本最小化和利润最大化的唯一条件下做出的，这一假设显然是不成立的。此外，实现成本最小化并不意味着一定能够保证实现利润最大化。可夫公司若要使它的股民确信其有盈利的能力，就必须对其具备成本降低和公司收益的其他关键性实力做出翔实的阐述和有力的论证。

三、批判性思维与科学创新

批判性思维与科学创新二者之间存在密切的关系。可以说，在很大程度上，科学创新和批判性思维相互作用，形影不离。

批判性思维对科学创新具有重要作用。

一方面，科学创新离不开批判精神的支持和帮助。在面对旧思想观念和旧技术时，创新者要破旧立新，实现理论突破和技术革新，就必须具有独立思考的能力和敢于怀疑的胆略；具有寻根究底的强烈好奇心和舍我其谁的高度自信心；具有善于批评和自我批评的勇气……这就是典型的批判精神。如果没有批判精神的话，创新意识就难以孕育成型，创新过程就不能启动并持续下去，创新成果也就不能最终完成。科技史上数以万计的科学创造，都离不开创新者的批判精神。

另一方面，一个人如果偏见成癖、思想懒惰、唯命是从、人云亦云的话，这个人也就思维僵化，毫无批判性思维可言了，无疑将会对创新起阻碍作用。人类社会不断进步和发展离不开科学创新，而科学创新离不开批判性思维。批判性思维，尤其是冲破传统习俗观念的批判性思维，是科学创新的前提。可以说，没有批判性思维，就没有科学创新，科学创新永远离不开批判性思维。

（一）科学创新过程需要批判性思维

科学创新始于问题的提出，终于问题的解决。英国心理学家澳勒斯提出，科学创新过程包含四个阶段，即准备阶段、酝酿阶段、明朗阶段和验证阶段。

1. 准备阶段需要批判性思维

准备阶段的主要工作是发现问题，提出创造性问题，并搜索与问题相关的信息材料，对这些信息材料进行整理和加工。发现问题、提出创造性问题需要思考者具备一种灵活、敏捷、细致、全面的发现和推理能力，需要思考者用怀疑和批判的眼光去看待已知的观点或论证，对其进行主动的思考，去发现理由、解释、推理中的不合理因素。可见，这里所需要的正是批判性思维。若对他人的观点或论证毫无批判地被动接受，没有批判性意识和眼光，发现问题几乎是不可能的。搜索与问题相关的信息材料并对之进行整理加工也需要批判性思维。获取、选择与问题相关的有价值的材料，审查所搜集的材料的可靠性、真实性，对它们进行解释、分析等都需要运用批判性思维的方法和技巧。

2. 酝酿阶段和明朗阶段需要批判性思维

酝酿阶段的任务是在第一阶段搜集材料、加工整理的基础上，对问题做试探性解决，提出各种试探方案。明朗阶段的工作是提出新的认识成果、新的观念、新的思想。虽然想象力、直觉、灵感、顿悟等方式在这两个阶段起着非常重要的作用，但这两个阶段同样需要批判性思维。对各种可能的试探方案做评价、比较、分析，并在各种方案中进行优化选择，以促进新思想、新认识的提出，这都离不开批判性思维。设想各种问题解决方案也不能天马行空，需要的是合理想象、具有可能性的想象，这就要受到批判性思维方法和原理的制约。

3. 验证阶段需要批判性思维

验证阶段的主要任务是对之前得到的初具轮廓的新思想、新认识进行检验和证明。这时，要运用批判性思维中的逻辑原理与方法，检验新成果的论证是否合乎逻辑，检验证明方法是否可行，实验结果在多大程度上会支持新成果等。通过检验，可能会修正原来的部分观点，也可能会完全抛弃原来的观点，又提出新的问题。对新思想、新认识的检验是一个复杂的批判性思考过程，要根据解决问题具体方案的不同特点提出相应的证明策略。显然符合形式逻辑规则的论证是最为有效和可靠的论证。

（二）批判性思维过程需要创造性思考

批判性思维的核心任务是构造和判断好论证。理由、推理和结论是论证的基本要素。批判性思维通常依据如下标准来分析和评价一个论证的好坏：清晰性、准确性、精确性、相关性、重要性、充足性、深度、广度、逻辑、公正性等。寇荻教授概括出批判性思维的四个特有原则：发现和质问基础假设；检查事实的准确性和逻辑的一致性；说明背景和具体情况的重要性；想象和开创替代选择。董毓先生把目前公认的批判性思维过程所包括的必要工作概括为：理解主题论点，分析论证结构，澄清观念意义，审查理由质量，评价推理关系，挖掘隐含假设，考察替代论证，综合组织论证。

1. 挖掘隐含假设是指挖掘和拷问论证中隐含的前提、假设、含义和后果

这时要问：“在这个论证或推理中，是否存在尚未表达出来，但又是论证所必需的条件、前提和原理？如果有，它们合理吗？”需要尽力去设想有关的隐含前提和可能性，进行发散式思考。若揭示出论证的隐含前提或假设，常常导致推翻原来的论证，更可能导致根本的创新。比如，“地心说”就包含一个隐含前提，即“太

阳围绕地球转”。对这个前提的揭示，最终导致“日心说”的提出。

2. 考察替代论证是指创造、考察不同观点、论证和结论，并进行竞争比较、排除

构造竞争和替代论证的过程，是进行创造性思考的过程。这个过程需要思考者突破现有的思维框架，充分发挥想象力，尽量寻找不同的思路和解决问题的方案，考虑其他逻辑的可能性。这时要问：“关于该论证，还有什么值得考虑的可能性？”爱因斯坦曾经说过：“提出新的问题、新的可能性，从新的角度去看旧的问题，都需要有创造性的想象力，而且标志着科学的真正进步。”

3. 综合组织论证是指综合各方面论证观点，形成一个全面和合适的结论

这个过程需要对论证做出整体评判、修正或综合，是对各方面、各环节分析思考的综合，这种聚合思维起着重要作用。综合组织论证是达到好论证的关键环节之一，而达到好论证的最终目的是获得知识、真理和进行最优决策。

在理解主题论点、分析论证结构、澄清观念意义、审查理由质量、评价推理关系这些分析和评价论证的环节，也需要进行多角度、全方位的开放思考，其中包含着创造性思考的要素。

综上所述，一个好的论证是经过正反多方面思考、探索、比较、分析、综合之后的结果，是发散思维与聚合思维的结果。发散思维和聚合思维是创造性思维的常见表现形式。批判性思维是获得新知识、发现真理的必经之路。人类发展中的创新成果往往是进行批判性思维的结果。

（三）培养批判性思维能力有助于提高个体的创造力

能力是主体在生物遗传与文化遗传的基础上从事活动的功能与力量。通常认为，批判性思维能力至少包括解释、分析、评估、推论、说明和自我校准六种基本能力。创造力是指个体在创造活动中表现出来的能力。一般来说，创造力至少包括认知能力、创造性思考能力、实践能力等方面，其中创造性思考能力是创造力的核心。

批判性思维研究认为，个体的批判性思维能力可以通过训练得到提高。创造力研究则认为，每一个体都有创造力，个体的创造力可以开发提高。培养个体的批判性思维能力有助于提高个体的创造力。

1. 有助于提高个体的认知能力

知识是进行创新的必要前提，而知识的获得要通过学习。学习能力是认知能力

中的一种。批判性思维要求学习者了解知识的来龙去脉和各个知识点之间的因果联系，了解知识的推出过程。这样习得的知识，会得到真正的消化，容易与个体已有知识、信息和理论等以新的方式加以整合，并自觉转化为能力。可见，培养批判性思维能力，有助于提高个体的学习能力。批判性思维能力中解释、分析、评估、推论、说明、自我校准等能力本身就是认知能力，它们可以帮助我们清晰而准确地理解他人和自己的观点，分辨论据或理由的真假，检测事物之间的联系，分析假设与推理，进行综合判断。培养批判性思维能力注定会提高这些认知能力。

2. 有助于提高个体的创造性思维能力

创造性思维过程是从创造性地提出问题到创造性地解决问题的过程，在这个意义上，创造性思维能力自然包括创造性地提出问题和解决问题的能力。批判性思维的目标是追求可靠知识和真理，使行动最优化。批判性思维能力是一种反思性能力，强调突破思维定势，向流行观点和权威挑战，去挖掘和发现他人论证中的不足，在综合组织论证基础上得出合理结论，这些都有助于创造性地提出和解决问题。

3. 有助于提高个体的实践能力

批判性思维是理性的、反思性的思考，目的之一在于决定我们的行动。离开思想指导的行动是盲目的，只有在合理或正确观念指导下的行动才更有意义和价值。创新实践能否成功依赖于创新思想或观念的合理性与现实可行性。批判性思维能力的提高，会增强审查、分析和评价创新思想或观念的能力，从而做出更好的决策和行动。在创新实践过程中，也可能出现预想不到的结果，需要个体及时调整实践方案，做出最优选择。此外，批判性思维能力需要在实践中反复练习、巩固和提高，锻炼批判性思维能力的过程也是提高个体实践能力的过程。

本章总结

1. 信息化时代需要我们具备批判性思维。
2. 批判性思维对我们的学习、工作都具有重要意义和作用。
3. 培养批判性思维是一个长期过程，需要克服一些障碍。
4. 学会批判性阅读、批判性写作对我们的工作、学习具有重要作用。
5. 培养批判性思维有利于提高个体创造力，对科技创新具有重要意义。

本章的内容学到这里，请在下面写下自己的学习和训练体会，帮助自己进一步提高。

本章习题

一、针对下面的问题，试运用批判性思维提出一个合理的解决方案

假设你是某高校校报的兼职编辑。另外两位担任兼职编辑的学生每周只能花几个小时来处理有关报纸的工作。为了让报纸每周顺利出版，你不得不花费大量的课余时间来承担编辑工作，有时甚至需要通宵达旦地工作。为了多招募一些参与兼职工作的学生，你还在校园网和报纸上刊登了招聘广告，但是没有人来应聘。

二、请判断以下陈述是否合理，然后通过两三句话来解释你的核心观点

1. 如果王林是我的好朋友，那么，不管我的想法是对还是错，他都应该无条件认同。如果我的想法是正确的话，即使是陌生人也会认同。对朋友的要求总得比对陌生人高吧！

2. 有一个良好的体魄是现代人非常崇高的愿望。但是，伟大的先贤们教导我们：心灵比体魄更为重要。那么，我们还需要健身吗？

3. 如今，在司法程序中最大的问题就是法院里堆积如山的案件。而这些案件每天都在增加，这就需要不断地增加法官的数量，有一种有效的解决办法，就是取消审讯自首的犯罪嫌疑人。

第四章 创业中的创新思维与实践

本章重点

◎如何用创新思维寻找创业机会
◎创业过程中的创新
◎互联网和人工智能的创新发展

本章难点

◎理解创新与创业的关系
◎运用创新思维优化创业过程的各个环节
◎了解互联网思维下的企业发展方向
◎了解数据化和人工智能带来的创新创业机会

自2014年夏季达沃斯论坛上李克强总理提出鼓励“大众创业、万众创新”的政策以来，各种新产业、新模式、新业态不断涌现，有效激发了社会活力，释放了巨大创造力，中国的企业家们演绎了创业成功的故事，成为经济发展的一大亮点。

创新思维的本质在于用新的角度、新的思考方法来解决现有的问题。1912年，“创新”被首次引入经济领域。那么创新的想法从何而来？如何让创意最终为社会带来价值呢？本章主要讲解创新思维在创业过程中的应用，大数据和人工智能对社会和企业发展的影响，以强化大学生的创新思维，提升创业技能。

第一节 发明、创新与创业

改革开放以来，我国出现了多次创新创业的浪潮。从传统产业的兴起，到服务业、科技产业的兴起，再到移动互联网、智能制造等新兴产业的不断涌现，促进了中国企业登上国际舞台，影响了全球经济格局。那什么是创业呢？

一、发明、创新和创业的定义

发明是应用自然规律为解决技术领域中特有问题而提出创新性方案、措施的过程和成果。

创新是指利用现有的知识和物质，在特定的环境中，本着理想化需要或为满足社会需求，而改进或创造新的事物、方法、元素、路径、环境，并能获得一定有益效果的行为。

创业是指创业者对自己拥有的资源或通过努力能够拥有的资源进行优化整合，从而创造出更大经济或社会价值的过程。

二、发明、创新与创业之间的关系

（一）发明与创新的关系

熊彼特在《经济发展理论》中第一次使用了“创新”（innovation）这个词，从经济学的视角，他认为：只要发明还没有得到实际上的应用，那么在经济上就是不起作用的。无论是科学发明还是技术发明，在发明未能转化为商品之前，发明只是一个新观念、新设想，在它们没有转化为新装置、新产品、新工艺系统之前，不能创造任何经济价值。他还认为：作为企业家职能而要付诸实际的创新，也根本不一定必然是任何一种发明。由此可见，发明和创新有一定的联系，也有本质的区别。

第一，创新是一个经济学范畴的概念，必须有收益。如果根据新的思想，生产出新的产品，虽然很新颖，若不能应用，没有收益，这可以说是发明，但不是严格意义上的创新。

第二，发明是一个绝对的概念，而创新则是相对的概念。发明在“首创”或“第一”的问题上是绝对的。而创新有一个相对的范围，不必先考虑在部门、系统内过去有没有人做过，只应了解做的程度如何，我们做了以后有哪些进步，同时这个进步可以有收益，这就是创新。

第三，发明既有促进社会发展的积极发明，也有阻碍社会发展的消极发明；而创新必须是积极的、促进社会发展的。如计算机的发明是积极发明，而电脑算命、计算机病毒则是消极发明；核科学和技术的发明是积极发明，而核武器的发明则是消极发明。但创新则不同，没有人会将伪科学或假冒伪劣称为技术创新。

（二）创新与创业的关系

德鲁克在《创新和创业精神》一书中指出，企业家从事创新，而创新是展现创业精神的特定工具，是赋予资源一种新的能力、使之成为创造财富的活动。因此，创新和创业之间的关系，我们可以理解为：

（1）创业的源泉在于创新，创业必然蕴含创新。

（2）创新的价值在于创业，创新引领并支持创业。

（3）创业体现创新精神，创业推动并深化创新。

三、创新创业的想法从何而来

《水平思考》的作者爱德华·波诺说：“创新不一定是大变革，不一定需要原创，不一定是新奇、绝妙的，事实上我们更多需要的‘微变’，即‘我们需要的是新的陈词滥调’。”

案例

一双发现创业机会的慧眼：3万换18万的收益

有一天，一个小伙子坐火车去另一个城市。当火车要绕过一座大山的时候，车速慢慢地减了下来。这时候他看见了一栋光亮亮的水泥平房，就把它记在了心里，并问到了离这里最近的车站。在办完事回来的路上，他特意中途下了火车，走了一段山路，找到了那座位于高山上的房子。他向房子的主人提出想买下这栋房子，房子主人很痛快地答应下来并以3万元的价格成交。小伙子回到家后，很快写好了一个方案，复印了很多份，递交给许多知名的大公司。3天后，可口可乐公司迅速与他取得联系，并专程派代表开车驶往房子所在地，经过一天周密的考察和分析，当场和他签订了三年18万元的广告合同。

为什么3万元的投入可以换来18万元的收入？原来房子有一整面墙正对着铁路，每天都会有数十趟火车经过这里，因为是上坡，每当火车经过这里时总要减速，这时就会引起许多好奇或无聊的乘客向窗外张望，而在这个前不着村后不着店的荒凉地方，唯一能长时间吸引他们目光的就是那幅可口可乐的巨型广告。

他的想法并没有就此终止，后来他成为了这个村里第一个盖楼房的人，也因为他的经济头脑，被一家公司聘为总经理。

创业的想法可以从很多途径中发掘出来，我们身边就潜藏着很多创业的机会，等待着我们去发现。例如：

1. 个人兴趣、爱好或专长产生的机会

从个人的爱好、兴趣或者技能和经验出发，如游戏、旅行、天文、软件开发、数据挖掘等，从中寻找创新创业的点子。

2. 科学技术新发展带来的机会

可以在各类高峰论坛中、企业的产品发布会上了解新的技术、新的产品或新的卖点，从中发掘创新和创业的机会。如大数据技术的不断发展和进步，实现了通过实时采集、语义分析、语音识别等技术提取社区评论和视频信息的负面信息，进行舆情监控、舆情预警、舆情分析和舆情报告，也因此产生了众多舆情监测产品和企业。

3. 需要和需求发展产生的机会

通过市场调研、数据挖掘和数据分析，从实际存在的需求、问题与痛点出发，找到创业的突破口，提供满足消费者需要和需求的产品与服务。如人口老龄化正在创造自身对自动化的需求，越来越多的疗养院将借助服务型机器人协助解决护理和陪伴的需求问题，日本已经有 8% 的疗养院里添置了起重机式机器人，来帮助护理工作。

4. 环境和政策变化的机会

我们可以在大众传播的媒介上，如报纸、杂志、互联网、新闻联播等，从热门的、政策支持的领域中寻找商机。如“二孩”政策为母婴、食品、健康、教育提供了很多的创业机会。

第二节 创新思维优化

当代的创业中，许多都是在现有的创新成果中衍生出的产品和价值，创业的过程，是从一个创业想法，到整合资源，进行优化，再到想法的实现和落地的过程。创业过程中的各个环节，都可以进行创新和突破。

一、创业的过程

创业的过程可以分为两个阶段，第一个阶段为准备和探索阶段，第二个阶段为孵化和检验阶段。

（一）准备和探索阶段

准备和探索阶段包括寻找创业机会、组建创业团队、市场调研和项目优化。这个阶段基本完成了对创业的具体化描述，构建了组织完整的经营理念，也完成了内、外部组织结构和经营运作流程的设计。

（二）孵化和检验阶段

孵化和检验阶段包括商业模式设计、创立公司、融资、企业管理和市场推广。这个阶段，则是将商业模式在外部环境中进行小规模的运营和适应，对内部资源进行合理利用和分配，以及对企业经营运作的可行性进行评估，同时还需要对企业是否具有持续的盈利能力和价值潜力进行评估。对创业的各个环节进行进一步完善之后，才能将经过验证和完善的模式发展成为企业经营的总的模式和依托，最终为社会及其他利益相关者创造价值。

二、创业与突破

在创业的各个环节中，都涌现出了众多的变革和创新。创新是企业在激烈的市场竞争中获取竞争优势，保持持久发展的重要因素。

创新创业是指基于技术创新、产品创新、品牌创新、服务创新、商业模式创新、管理创新、组织创新、市场创新、渠道创新等方面的某一点或几点创新而进行的创业活动。接下来，我们从以下四个方面来了解创业中的创新思维和突破。

（一）产品创新

产品创新是指创造某种新产品或对某一新或老产品的功能进行创新。产品创新的动力从根本上说是技术推进和需求拉引共同作用的结果。如何用创新思维打造产品呢？我们通过一个案例来进行了解。

案例

把梳子卖给和尚

有一个企业家找了3个推销员来，要求他们完成一个任务：以10日为限，把梳子卖给和尚。

十天过后，第一位推销员甲回来了，他卖出了1把梳子。他向和尚推销梳子被拒绝之后，在下山途中遇到一个小和尚一边晒太阳，一边使劲挠着头皮。甲灵机一动，递上木梳，小和尚用后满心欢喜，于是买下1把。

第二位推销员乙回来了，他卖出了10把梳子。乙对和尚们说“你看，很多香客从很远的地方来到这里，他们十分虔诚，但是却风尘仆仆，蓬头垢面，如何对佛敬？如果庙里买些梳子，给这些香客把头发梳整齐了，把脸洗干净了，不是对佛更尊敬？”和尚觉得有理，就买了10把。

第三位推销员丙回来说，他卖出了1000把梳子。他说我直接找了住持，跟他说：“凡来进香参观者，多有一颗虔诚之心，宝刹应有所回赠，以做纪念，保佑其平安吉祥，鼓励其多做善事。我有一批木梳，您的书法超群，可刻上‘积善梳’三个字，便可做赠品。”住持大喜，立即买下1000把木梳。

思考问题

三位推销员将梳子卖给同样的群体，为什么有的消费者接受，有的消费者却不接受呢？

现代营销理论把产品的整体概念分为了5个层次：核心产品、形式产品、期望产品、延伸产品和潜在产品，每增加一个层次就会增加更多的顾客价值。如图4-1所示。

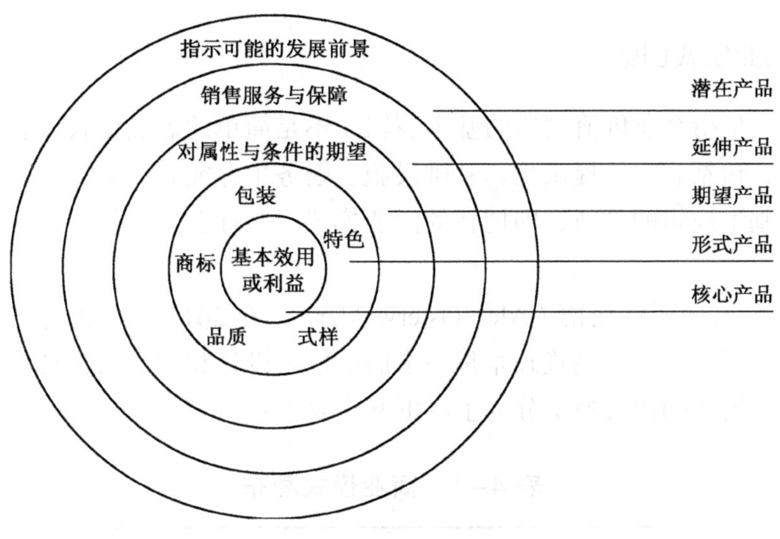

图 4-1　产品整体概念

1. 核心产品

核心产品是指消费者购买某种产品时所追求的利益，是顾客真正要买的东西，因而在产品整体概念中也是最基本、最主要的部分。

2. 形式产品

形式产品是指核心产品借以实现的形式，即产品的基本效用必须通过某些具体的形式才得以实现。如果有形产品是实体，则它在市场上通常表现为产品质量水平、外观特色、式样、品牌名称和包装等。

3. 期望产品

期望产品是指购买者购买某种产品通常所希望和默认的一组产品属性和条件。

4. 延伸产品

延伸产品是顾客购买有形产品时所获得的全部附加服务和利益，包括提供信贷、免费送货、质量保证、安装、售后服务等。

5. 潜在产品

潜在产品是指一个产品最终可能实现的全部附加部分和新增加的功能。

因此，我们可以从产品本身的价值、产品外观、产品组合、差异化的服务和品牌价值等方面进行产品创新。我们还能想到哪些产品创新的案例呢？

（二）商业模式创新

商业模式是指企业价值创造的基本逻辑，不是简单的盈利模式。它覆盖了商业的四大模块，包括客户、提供物、基础设施、财务生存能力。商业模式创新是指企业价值创造基本逻辑的创新，即把新的商业模式引入社会生产体系，并为客户和自身创造价值。

亚历山大·奥斯特瓦德（Alex Osterwalder），在2011年出版的书籍《商业模式新生代》中提出的商业模式画布是一个商业模式设计和验证的工具。如表4-1所示，他把商业模式的四大模块分为了以下9个要素：

表4-1　商业模式画布

<table>
<tr><td rowspan="2">重要伙伴</td><td>关键业务</td><td rowspan="2">价值主张</td><td>客户关系</td><td rowspan="2">客户细分</td></tr>
<tr><td>核心资源</td><td>渠道通路</td></tr>
<tr><td colspan="3">成本结构</td><td colspan="2">收入来源</td></tr>
</table>

➢客户：客户细分和客户关系。

➢提供物：关键业务和价值主张。

➢基础设施：核心资源、重要伙伴和渠道通路。

➢财务生存能力：收入来源和成本结构。

商业模式创新应该顺应外部环境变化、以客户为中心、创造性整合资源、把握核心业务。我们从小米手机的案例来进行进一步的了解。

案例

小米的商业模式

小米科技自2010年成立以来，建立了以小米手机为核心的品牌产品链。“为发烧而生”是小米的产品概念。小米公司创造了用互联网模式开发手机操作系统、发烧友参与开发改进的模式。小米还是继苹果、三星、华为之后第四家拥有手机芯片自研能力的科技公司。

小米商业模式可以从小米手机的设计和推广过程来进行了解。首先小米科技为小米的第一批用户建立了一个小米社区，通过社区互动、使用者的建议，让小米手机快速迭代，甚至会在社区中回复用户提出的建议：你上次说的建议我们已经改掉了，通过参与感培养了第一批铁粉。

然后，小米科技开始建立线上的互联网商城和小米之家线下体验店，用互联网的技术和方法介入新零售。小米的线上渠道有小米商城、天猫、京东旗舰店，甚至新浪、微信和 QQ 空间，都可以进行产品的推广和销售。并通过协同控制产业链上下游的供应商，将产品拓展到智能家居，如电饭煲、扫地机、台灯等。

通过一段时间的粉丝积累，小米将线上的粉丝开始转向线下活动，粉丝量逐渐庞大。2017 年 12 月 19 日至 26 日，小米举办“2017 小米感恩季”活动，其中最受欢迎的就是 100 元的“无套路”优惠券，可以在小米商城购买任意产品，一共发放了 202.4 万张。此次活动小米共为 342 个城市的 35768598 位米粉节省了 1.65 亿元。线上达成订单 246.9 万笔，其中 81.3% 的订单享受到了感恩季的优惠。

小米的商业模式更通俗地讲，就是要做科技界的无印良品，用互联网的技术和方法做线下零售，丰富产品组合，保持高品质、高颜值、高性价比的产品特性。小米主张“硬件＋新零售＋互联网”生态服务。当然小米的核心业务还是手机销售，这是小米主要的盈利来源。2017 年小米销售了 9 千万部手机，小米科技的成功，将手机制造和供应链管理发挥到极致，预埋先进科技做壁垒，布局关键功能的研发。

思考问题

1. 请利用商业模式画布，梳理出小米的商业逻辑，并分析小米手机能够取得一定的成绩，来自对哪些要素的创新？

2. 请尝试用商业模式画布厘清 OFO 小黄车的商业逻辑，并分析小黄车最终走向失败的原因是什么？

小米不是单纯的硬件公司，它是一家以手机、智能硬件 IOT 平台为核心的互联网公司。小米采用的策略是围绕小米手机的设计，建立社区，形成“米粉”，进入手机市场。接下来是小米打造的“小米生态链模式”，产品紧贴硬件成本定价，通过高效的线上线下零售渠道交付用户，然后持续为用户提供互联网服务。围绕手机业务搭建起手机配件、智能硬件、生活消费产品三层产品矩阵，带动更多的创业公司成长。小米的商业模式画布如表 4-2 所示。

表 4-2　小米公司商业模式画布

<table>
<tr><td colspan="2" rowspan="2">重要伙伴
产业链上下游</td><td colspan="2">关键业务
手机</td><td colspan="2" rowspan="2">价值主张
黑科技
高性价比
生态圈</td><td colspan="2">客户关系
社区</td><td colspan="2" rowspan="2">客户细分
技术粉
米粉</td></tr>
<tr><td colspan="2">核心资源
成本驱动
价值驱动</td><td colspan="2">渠道通路
小米商城、天猫、京东旗舰店、产品发布会（新浪、微信、QQ 空间）</td></tr>
<tr><td colspan="5">成本结构
实体资产
知识资产
人才资源
金融资产</td><td colspan="5">收入来源
买卖收入和后续的经常性收入
销售产品所有权
使用费用、特定的服务
订阅费用、授权费用、经纪收费、广告收费</td></tr>
</table>

2014 年新的一次创业潮掀起以来，涌现出了很多通过商业模式创新获得成功的创业公司。共享经济、免费模式、体验经济等模式在各个行业不断地渗透。还有哪些新的商业模式，你认为这些模式是否能支持企业的可持续发展？

（三）服务创新

信息技术飞速发展，使得产品技术和功能的同质化水平越来越高，通过提高产品质量、降低产品生产成本来竞争的空间越来越狭窄，因而服务成为企业进行市场竞争的重要武器。

服务创新通过增加有形或无形“产品”之附加价值的经济活动，满足用户的物质、精神和心理需求，并提供解决问题的能力，保障人们精神和心理上的健康，使其得到满足感和成就感。接下来我们通过案例来了解，服务创新如何为企业创造持续的价值。

案例

海底捞式服务，突破你的想象力

四川海底捞餐饮股份有限公司成立于 1994 年，是一家以经营川味火锅为主、融汇各地火锅特色为一体的大型跨省直营餐饮品牌火锅店。2018 年 9 月 26 日，海底捞（新上市编号：06862）正式登陆香港资本市场。

海底捞的特色服务贯穿于顾客进店到离店的整个过程中：

1. 服务周到。顾客等候过程中有免费上网、棋牌、擦皮鞋、美甲等服务，以及免费饮料和免费的水果、爆米花、虾片等；就餐过程中，服务员发自内心的微笑和为顾客擦拭油滴，下菜捞菜，递发圈、擦眼镜布、15分钟一次的热毛巾，续饮料，帮助看管孩子、喂孩子吃饭，拉面师傅现场表演；餐后，服务员会送上口香糖等；店里还设有供小孩玩耍的游乐园；洗手间增设了美发、护肤等用品，还有免费的牙膏牙刷；甚至顾客打个喷嚏，就有服务员送来一碗姜汤。

2. 为顾客考虑。海底捞所有的菜品都是可以叫半份的，半份半价，满足顾客品尝更多种类菜品且不造成浪费的需要；如果顾客是一人进店消费，服务员就会非常贴心地在你对面放上一个玩偶，如果他们不忙的话也会陪你聊天。

3. 反应及时。顾客提出的要求或意见，服务人员都会及时处理，出现顾客投诉，任何服务人员都有权限给顾客优惠或免单。

这样极致的服务体验，顾客能真正找到"上帝的感觉"，甚至会觉得"不好意思"，也征服了越来越多的火锅爱好者，也形成了消费者自发进行"口碑传播"的推广效应，可以说是一个互利共赢的良性循环。

海底捞有近两万名员工，117家直营店，四个大型现代化物流配送基地和一个底料生产基地（获得HACCP认证、QS认证和ISO9001国际质量体系认证）。2017年营收总额为106.37亿元。

思考问题

1. 从海底捞的案例中，我们还能想到哪些可以提升服务质量、提高顾客满意度的方法？

2. 如何让员工发自内心地主动为顾客提供个性化服务？

最有意义的服务创新来自对服务对象的深入了解，服务创新有以下五种途径：

（1）全面创新。借助技术的重大突破和服务理念的变革，创造全新的整体服务。其比例最低，却常常是服务观念革新的动力。

（2）局部革新。利用服务技术的小发明、小创新或构思精巧的服务概念，而使原有的服务得到改善或具备与竞争者服务存在差异的特色服务。

（3）形象再造。是服务企业通过改变服务环境、伸缩服务系列、命名新品牌来重新塑造新的服务形象。

（4）改型变异。通过市场再定位，创造出在质量、档次、价格方面有别于原有服务的新的服务项目，但服务核心技术和形式不发生根本变化。

（5）外部引入。通过购买服务设备、聘用专业人员或特许经营等方式将现成的标准化的服务引入到本企业中。

2017 年，我国服务业增加值 427032 亿元，占 GDP 比重为 51.6%，超过第二产业 11.1 个百分点，成为我国第一大产业。你能想到哪些服务领域的创新方法呢？

（四）组织创新

任何组织结构，经过合理的设计并实施后，都不是一成不变的。它们必须随着外部环境和内部条件的变化而不断地进行调整和变革。

组织创新是指应用行为科学的知识和方法，把人的成长和发展希望与组织目标结合起来，通过调整和变革组织结构及管理方式，使其能够适应外部环境及组织内部条件的变化，从而提高组织活动效益的过程。

创业企业在组织管理过程中会遇到各种各样的问题，如，如何进行内部决策；如何建立有效的奖惩机制；如何建立标准化的日常管理制度；如何明确各岗位员工的责任和分工等。以创业企业的内部决策为例，企业在创业和发展过程中，会不断引进新的投资人或合作伙伴，股权结构也会因此发生变化。因股权稀释问题，极有可能造成主要创始人的决策权旁落。但对于创业者而言，拥有对企业的话语权和决策权是非常重要的。那么有什么方法，能够在保证企业顺利获得融资资金和优秀人才的同时，确保创始人的决策权不受影响呢？

案例

阿里巴巴的事业合伙人制度

马云是阿里巴巴的主要创始人之一，从马云在阿里巴巴担任的职务来看：2013 年马云卸任阿里巴巴的 CEO，2018 年马云宣布不再担任阿里巴巴的法定代表人，并提出 2019 年将不再担任董事局主席。从马云持有的阿里巴巴的股份来看：在阿里巴巴上市之前，马云仅持有阿里巴巴 8.8% 的股份，上市之后更是降到了 7.8%。但马云却牢牢地掌握着阿里巴巴的决策权，他是怎么做到的呢？

上市公司的管理机制是：由股东选举出股东代表，形成股东大会；由股东大会提名董事会成员，但董事不一定是股东；经股东大会投票形成正式的董事会。董事会承担企业的执行权，股东大会承担提议的决策权和执行的监督权。

马云在阿里巴巴内部推行了事业合伙人制度，制度框架如下：

1. 选举机制。

合伙人分为两类：合伙人和永久合伙人。合伙人一年选举一次，由现有合伙人向合伙人委员会提名，通过合伙人会议投票决定。永久合伙人同样通过选举产生，由退休或在职的永久合伙人指定。

提名条件：成为合伙人的条件是在阿里巴巴工作 5 年以上，拥有一定的阿里巴巴股份，具备优秀的领导能力，高度认同公司文化，并且对公司发展有积极的贡献，愿意为公司文化和使命的传承竭尽全力。

2. 合伙人的退出机制。

永久合伙人退出机制：自愿退休、死亡、丧失行为能力或被选举除名。目前的永久合伙人为：马云和蔡崇信。

合伙人退出机制：60 岁时自动退出；被合伙人会议 50% 以上投票除名；自愿退出；离开阿里；丧失行为能力。

3. 权利和义务。

合伙人拥有提名大多数（50% 以上）董事会成员候选人的专有权。若未被选中，有权指定临时过渡董事来填补空缺，直到下届年度股东大会召开。

例如：目前阿里巴巴的董事会成员为 9 人，其中若只有 4 人由合伙人提名，合伙人可以再提名 2 人，届时董事会将有共 11 名董事。

如果要修改章程中关于合伙人提名权的相关条款，必须要在股东大会上得到 95% 的到场股东或委托投票股东的同意。

思考问题

1. 事业合伙人制度，解决了哪些管理问题？是否存在管理的弊端？

2. 京东创始人刘强东，持有的京东股份约为 15.5%，他是如何确保自己在企业内绝对的控制权的呢？

企业的组织创新的方法随着内外部环境的变动与组织管理需求发展方向等而各不相同。一般可涉及以下这些方面：

（1）功能体系的变动。即根据新的任务目标来划分组织的功能，对所有管理活动进行重新设计。

（2）管理结构的变动。对职位和部门的设置进行调整，改进工作流程与内部信息联系。

（3）管理体制的变动。包括管理人员的重新安排、职责权限的重新划分等。

（4）管理行为的变动。包括各种规章制度的变革等。

上述组织创新工作往往需要经历一定的时间，从旧结构到新结构也不是一个断然切换的简单过程，一般需较长的过渡、转型时期。所以，作为领导者要善于抓住时机，发现组织变革的征兆，及时地进行组织创新和开发工作。

第三节　数据化与智能化背景下的创新

互联网、大数据和云计算等信息通信技术以及人工智能的发展，已经成了社会和经济发展的新驱力。金融、教育、医疗、媒体、交通等各行各业，都在数据化和智能化的推动下，出现了行业的革新。

网络、数据和人工智能三者之间有着相互依存的关系。网络是基础，即通过物联网、互联网等技术实现互联互通；数据是核心，即通过数据全周期的感知、采集和集成应用，形成基于数据的系统性智能，实现弹性生产、运营管理优化、生产协同组织与商业模式创新，推动智能化发展。数据是人工智能的前提，通过数据“喂养”的机器才能不断学习，形成智能化的发展之路。

一、互联网思维

移动互联网时代的创新变革，为企业和社会的发展，形成数据化的环境提供了重要基础。

（一）互联网思维的定义

互联网思维，就是在（移动）互联网、大数据、云计算等科技不断发展的背景下，对市场、用户、产品、企业价值链乃至对整个商业生态进行重新审视的思考方式。

互联网时代的思考方式，不局限在互联网产品、互联网企业。这里指的互联网，不单指桌面互联网或者移动互联网，是泛互联网，因为未来的网络形态一定是跨越各种终端设备的，台式机、笔记本、平板、手机、手表、眼镜等。互联网思维是降低维度，让互联网产业低姿态主动去融合实体产业。

互联网思维具有大数据、零距离、趋透明、慧分享、便操作、惠众生的六大特征。

（二）互联网思维带来的创新变革

随着互联网的发展，掀起了前所未有的数据化的狂潮，万事万物的数据化影响企业创新变革的首要目标，同时企业的经营发展和战略决策也对数据产生了一定的依赖。

1. 互联网思维能够更好地实现企业发展和扩张

企业产品和服务的互联网化，利用互联网数据，打破企业的经营边界，更快地了解顾客、获取顾客，完成产品设计、推广和销售，实现企业的业务拓展和发展扩张。

以携程旅游网为例。携程旅游网是一家 1999 年创立的在线票务服务公司。随着互联网的发展，用户的不断增加，携程旅游网从网络订票业务开始，延伸至酒店预订，现在已经通过数据，为全国的城市进行旅游系统开发。互联网思维，使得携程旅游网突破企业原有的经营边界，形成了以数据为依托，为消费者提供全方位旅游服务的企业。

2. 互联网思维能够促进行业的创新发展

餐饮、出行、金融、零售等行业的互联网化，已经成了主流，给传统行业带来了一次颠覆式创新。

以金融行业为例：阿里巴巴的余额宝和支付宝，是打破传统金融模式的新产品。当主流的财富拥有者还在传统渠道消费，信用体系还没有建立起来时，阿里巴巴的理财工具余额宝、支付工具支付宝，为大众消费者提供了一个创新的、个性化的理财工具和便捷的支付渠道，也给普罗大众建立起了一个用点滴消费积累起来的信用账户，同时还免去了去银行排队的烦恼。与传统的银行理财、信贷相比，余额宝和支付宝解决了关键的信息不对称、门槛高、服务不及时、操作不便利、缺乏个性化的问题，更加亲民、简单和高效。

二、人工智能与行业创新

人工智能发展迅猛，日益成为引领科技进步、推动产业升级的新引擎，将深刻改变人类社会的生产生活方式，并成为新一轮国际竞争的焦点。人工智能的产生与运用是智能化时代的鲜明特征。

（一）人工智能的定义

人工智能（artificial intelligence，AI），它是计算机科学的一个分支，它企图了解智能的实质，并生产出一种新的能以人类智能相似的方式做出反应的智能机器，该领域的研究包括机器人、语言识别、图像识别、自然语言处理和专家系统等。

人工智能在机器视觉、指纹识别、人脸识别、视网膜识别、虹膜识别、掌纹识别、专家系统、自动规划、智能搜索、定理证明、博弈、自动程序设计、智能控制、机器人学、语言和图像理解、遗传编程等领域已经开始了实际的应用。

（二）人工智能的创新发展

1. 人工智能促进行业资源整合

近年来，人工智能产业规模保持稳步增长，互联网企业加大力度进行战略合作与投资并购，促进数据资源、技术资源等行业资源的整合，获得相应细分领域中的前沿核心技术。

以中国互联网巨头 BAT 为例。百度先后与北汽集团、博世、大陆、哈曼、联想之星等企业达成战略合作协议，投资语音识别公司涂鸦科技和视觉感知公司 xPerception，以自动驾驶作为核心，着力打造技术驱动的应用型平台生态；阿里巴巴投资混合智能汽车导航企业 WayRay，菜鸟物流与北汽集团和东风汽车成为战略合作伙伴，将以云服务为生态基础，注重消费级人工智能产品研发，将人工智能赋能于商业生态；腾讯注资特斯拉和 AR 初创企业 Innovega，并依托腾讯 AI lab 发布“AI in all”战略，将围绕用户体系组建软硬件融合的人工智能服务生态。

2. 人工智能产业前行，尤需思维模式创新

人工智能是具有巨大社会和经济效益的尖端领域和创新前沿。近年来，我国在数据规模和产品创新能力等方面已进入世界第一梯队。数据规模方面，中国庞大的人口和发达的互联网提供了任何国家都难以企及的数据规模和成本优势。产品创新能力方面，中国企业在经历移动互联网时代的优胜劣汰后，已能够在国外创新技巧的基础上，依据国内市场特点开发本土创新模式。

随着人工智能技术的不断发展，AI 芯片、计算机视觉、语音识别等技术的持续创新成为产业发展引擎，语音识别技术近年来发展迅速，目前行业中语言识别准确率已达到 95%。而感知智能与认知智能进一步融合，认知性应用将成为亮点。形成从“智能”到“智慧”的进一步发展。

这是一个快速变化的时代，我们始终需要创新思维。通过技术创新、管理创新、营销创新等途径不断促进时代的发展。

值得注意的是，大数据和人工智能的飞速发展，势必会造成专业人才的需求增长，也包括兼顾人工智能与传统产业的跨界人才的需求，因此提升专业技能，提高行业认知水平，是我们大学学习的核心目标。

本章总结

1. 经济发展推动社会不断进步，创新是一种意识和能力。

2. 创业的机会无处不在，创新引领并支持创业发展。

3. 创业的过程中会出现各种各样的问题，运用创新思维，打破思维边界，创建新的管理模式，提供满足顾客需求的新服务，培养用户的新习惯，创造新的产品价值等，都能成为创业成功的路径。

4. 大数据和人工智能，是不可阻挡的新趋势，它们将不断影响和渗透到各个行业和领域，因此，我们要学会用新的思维方式和技术手段，适应社会发展的需要。

好了，本章的内容学到这里，请在下面写下自己的学习和训练体会，帮助自己进一步提高。

____

____

____

____

____

本章习题

1. 请列出你身边可能存在的创业机会。

2. 请根据你所掌握的信息，阐述大数据和人工智能带来了哪些社会创新？

3. 设想一下，今后还会有哪些新领域、新技术，将被数据化和智能化的时代所颠覆？

第五章 职业生涯规划

本章重点

◎能够正确认识自我
◎学会分析内在职业特质
◎学会撰写职业生涯规划书

本章难点

◎了解职业生涯规划中自我认知的方法
◎了解职业生涯规划的步骤
◎掌握进行职业生涯规划的基本方法
◎了解职业规划测评工具

职业在不断地发生变化，经济和社会的发展不断地改变着人们的生活方式，也不断地催生新的职业。旧的传统职业也可能不断地衰退，甚至淡出历史的舞台。作为即将跨出校园、准备就业的准职业人而言，认识职业、理解职业、掌握职业的发展趋势，对于顺利就业，规划自己的职业生涯，在职业生涯中先人一步、快人一拍，是非常重要的。

本章主要讲解了什么是“职业”“生涯”“职业生涯规划”，帮助同学们理解职业生涯规划的价值与意义。

第一节 职业生涯规划概述

一、什么是“职业”“生涯”和“职业生涯规划”

（一）职业概述

职业的产生和发展是人类文明的标志之一，是人类社会发展与进步的客观反映。职业是指人们为维持在经济上的生计，而在社会中承担的某一分工角色，同时也是为实现社会联系和自我价值而发挥个性才能的一种持续性的活动方式。它是人们的生活方式、经济状况、文化水平、行为模式、思想情操的综合性反映，是一个人的权利、义务、职责，也是一个人社会地位的一般性标志。具体来说，职业具有以下几个特征：

（1）经济性。

（2）社会性。

（3）连续性。

（4）发挥个性。

职业不是人类社会一经形成便立即出现的，而是人类社会发展到一定阶段，出现社会分工后的产物。在社会需求的推动下，新的职业会不断产生；而社会不再需求时，过时的职业就会消亡。很多职业的产生和消亡都证明了这一点，在新的职业相继诞生时，那些不再为社会所需要的职业就会逐渐萎缩直至消亡。例如电话、传真、电脑网络等现代通讯工具的发展，使电报员、电报投递员等职业近乎销声匿迹。照相馆里的着色工、铅字制版工等都成为过时职业，现在难觅踪影。有鉴于此，职业产生和消亡的客观规律要求我们在选择职业类型时不仅要考虑个人职业发展意愿，更要考虑时代前进的步伐所引起的社会需求趋势的变化。

（二）生涯概述

“生涯”是生活中各种事件的演进方向和历程，它统合了个人一生中各种职业的生活角色，由此表现出个人独特的自我发展形态。“生涯”也是个人自青春期以至退休后，一连串有酬或无酬职业的综合以及和工作有关的各种角色。“生涯”的发展是以人为中心的，只有个人在寻求它的时候，它才存在。

“生涯”作为一个人终其一生所扮演角色的整个过程，由三个层面构成：

（1）时间即个人的年龄或生命的过程。

（2）经历即每个人一生所扮演的各种不同的角色。

（3）为个人所扮演的各种角色投入的程度。

从“生涯”的定义中，我们可以抽象出生涯的四个特征：

（1）终身性。

（2）独特性。

（3）发展性。

（4）综合性。

（三）职业生涯规划概述

职业生涯规划包括个人的职业生涯规划和组织的职业生涯规划与管理两个方面。我们主要讲个人的职业生涯规划，它主要体现在个人制订职业生涯计划、职业生涯发展规划和对实现这些目标的时间、步骤的合理安排。

大学生职业生涯规划是指大学生在对过去成长背景、目前资源条件和将来可能路径的自身主观和环境客观综合分析的基础上，合理拟定自己的职业生涯目标，为开发和获得与职业相关因素而制订相应的教育、培训、工作计划，按照一定时间安排，采取行动，以实现职业生涯目标的一个有机、逐步展开的过程。

二、职业生涯发展阶段

（一）职业生涯的五个阶段

职业生涯的发展是一步一步向前不断进步成熟的过程，在这个过程中我们都会从一开始的什么都不懂，到后来事业逐渐成熟。大多数的职业生涯一般经历以下五个阶段，每个阶段都要面临不同的问题和人物。

1. 第一阶段　“青黄不接”阶段

工作 1 ～ 3 年是职业生涯探索和尝试的阶段：我们步入社会一切都那么“单纯”，又不像有四五年资历的人那样能“独当一面”，正处于充满新鲜的工作激情的状态。这是一个学习的阶段，包含了很多的“第一”：第一次面试，第一份兼职，第一份全职等。这个阶段也会让人感受到工作所带来的挑战。

这个阶段的主要疑问是：“我是谁？”和“我能做什么？”迷茫的主要原因是缺乏自信和社会经验。这段时间最好不要轻易跳槽，相反，如果这段时间能较为“安定”，我们往往能够积累一生中第一次“从学习迈向工作”时段内宝贵的工作技能和坦然的就业心态，许多人“爱跳槽”的毛病往往都是从这个阶段“稳不住窝”开始养成的。

2. 第二阶段 “职业塑造”阶段

工作3～5年后，我们就会逐渐步入“职业塑造”阶段，逐渐熟悉组织文化，了解组织内情，建立初步的人际关系网，经过一段时期后，我们的“职业性格特点”就暴露出来了：哪些是我们擅长的地方，而哪些又是我们不足的地方。于是我们开始进入“职业塑造”阶段，对职业方向进行合理调整和矫正。

在这个阶段很多人开始衡量并发展自己的职业规划，他们开始确定一个专门的领域，期望获得长久的成功。在这个阶段也会面临来自其他领域或其他组织提供的机会。

3. 第三阶段 “职业锁定”阶段

工作5～10年，随着我们对自身优劣势及性格特点的日渐清晰和不断的实践锻炼，我们渐渐由“职业塑造”阶段走向了“职业锁定”阶段，开始认定自己是干哪行的。

在这个阶段，有的人积累了比较丰富的经验，承担起工作的责任，发挥并发展自己的能力，为提升或进入其他职业领域打基础；有的人会产生新的疑问：为什么这么多年来我一事无成？理想和现实不相符，我是不是需要重新选择？迷茫的主要原因是个人的发展目标与组织提供的机会和职业通道不一致。

这时候又该怎么办呢？我们如果依然愿意尝试这份工作，就应该首先端正态度，绝不能整天愤世嫉俗、怨天尤人，而应该投入战斗，在战斗中快速磨练和积极探索，不断修正下一步的工作流程和发展方向。即便是已经暂时“锁定”了我们的职业种类，也千万不要每天得过且过地混日子。相反还要更加勤奋地不断寻求自我突破，逼迫自己不断跨越新的高度。

4. 第四阶段 “事业开拓”阶段

工作10～15年，我们的“职业”将成为终身的“事业”，意味着我们开始从前期“职业阶段”中的技能、经验及资金积累走向人生事业的开拓历程。可能我们在这个阶段仍然保持着原来的“职业”状态，仍然是每天在为“老板的事业”而奔波，但年龄和阅历已经将我们推向了事业发展的起跑线。并且我们跑也得跑，不跑也得跑，我们不仅要为自己而跑，我们的家庭也开始逼迫我们为他们着想，我们的事业心和成就感都决定了我们要开始考虑自我了。

这个阶段我们可能会遇到的主要疑问是：接下去的岁月，应该做些什么？人到中年，很多人在机会面前不敢贸然决定，因为从心理上理解了人生的有限，而自己也开始重新衡量事业和家庭生活的价值。在大约35岁到45岁之间，会发生职业生涯危机。

5. 第五阶段 “事业平稳”阶段

工作15年以后，我们已经步入“不惑之年”，前期“职业”阶段和“事业开拓”阶段已经为我们留下了很多积淀。在这个阶段，我们所需要的是如何使事业能够在平稳的过程中持续上升。这期间我们还要不断地去观察市场、了解市场，不能有丝毫的松懈，所以我们可能会感觉很累、很辛苦，不过经历得多了，承受压力的能力也增强了很多，于是我们也就能游刃有余了。

我们曾经的一切豪言壮语和海誓山盟在这个阶段变为现实，我们被推上了事业的巅峰，不过这一切美妙结果的前提就是我们先要在前面的几个阶段表现都很努力，也很用心，这就是“世间自有公道，付出定有回报”的道理。

三、职业生涯规划的意义

（一）职业生涯规划的作用

我们生活在一个变革的时代，不仅社会在变革，每个人也在不断地进行自我变革。对个人来说，这种自我变革的重要手段就是职业生涯规划。只有善于对自己的职业生涯进行自我规划的人，才能有正确的前进方向和有效的行为措施，才能充分发挥自我管理的主动性，开发自身的潜能，保证在事业上取得更大的成功。

（1）职业生涯规划可以帮助自己确定职业发展目标。

（2）职业生涯规划可以鞭策自己努力工作。

（3）职业生涯规划可以促使自己抓住工作的重点。

（4）职业生涯规划可以驱动自己发挥潜能。

（5）职业生涯规划可以评估自己的工作成绩。

（二）大学生开展职业生涯规划的必要性

（1）国际、国内经济社会发展形势要求当代大学生必须进行职业生涯规划。

目前，世界经济走向并不乐观，日本经济长期低迷，美国经济下滑，欧盟经济不稳，有关权威部门认为，这种世界经济局势对我国的影响可能比亚洲金融风暴还要大，这更对毕业生就业形势造成直接影响。在国内，随着高等教育办学规模的扩大，大学毕业生逐渐成为比较充沛的资源，就业竞争愈演愈烈。随着市场经济的发展，我国产业结构大规模调整，行政机关和事业单位进行机构调整，企业关停并转，人员分流下岗，给毕业生就业带来巨大的冲击；再者，高校的专业培养与社会需求的矛盾依然存在，大学生择业误区等因素对毕业生顺利就业造成了严重障碍。因此，大学生应具有充分的思想准备，提前进行职业生涯规划。

（2）知识经济社会的新发展要求大学生必须进行职业生涯规划。

知识经济是以知识和信息的生产、分配和使用为基础，以人力资源及其创造性为依托，以高科技产业及智力为支柱的经济。作为一种新的经济形态，它特别强调开发人力资源，发掘人的潜能。所以，对大学生的素质有了新的要求：一是对大学生的知识结构要求多元化，不仅要求掌握本专业的知识，对经济、管理、法律等方面的知识也要了解，而且计算机技术和外语的实际运用能力已成为必备的生存技能；二是对大学生的综合能力要求提高，要求大学生具有很好的逻辑思维能力，把知识转化为财富的能力，以及创新、应变和社会活动能力等；三是要求大学生有新的择业观。知识经济时代，在科学技术发展使知识和产品的更新换代加快，职业的流动性变大，就业机会不断增加的同时，失业的威胁也会越来越大。对大学生而言，一定要建立全新的积极的就业观，注重知识的更新和自身的完善，以适应职业的变换，技术的更新。

（3）大学生职业生涯规划的现状要求必须进行职业生涯规划。

我国大学生职业生涯规划教育相当薄弱。在我国，一方面，“职业生涯规划”这个词在国内出现的时间还不长，高校虽然大多已设置了就业指导部门，但离提供成熟的个性化职业生涯规划指导服务还有很大距离。另一方面，由于以前我国高等教育实行的是精英教育，“进了大学门，就是国家人”，大学生就业历来是政府分配，从来就用不着自己考虑，而且在个人利益服从国家利益的原则下，也没有职业的选择权。现在，在全球经济发展的形势下，我国大学生的就业政策也发生了大的变化。高等教育亦从精英教育转换为大众教育，大学生就业分配也实行“自主择业、双向选择”。因此，实施职业生涯规划教育是我国高等院校非常迫切的任务。

（三）大学生职业生涯规划的意义

卢梭曾经说过：“选择职业是人生大事，因为职业决定了一个人的未来。”只有有了明确的目标，人们才会努力奋斗，并积极去创造条件实现目标。事实也证明，有不少大学生由于对自己的职业生涯毫无规划，目标不明，从而造成事业失败。并不是他们没有足够的知识和才能，失败主要在于他们没有规划最适合于他们成长与发展的职业生涯。

职业生涯的规划不仅能帮助大学生实现目标，更重要的是有助于真正了解自己从而确定出合理、可行的职业生涯发展方向。尤其是在市场竞争激烈和人才济济的时代，只有发展个人的竞争优势，才能把握稍纵即逝的机会，发挥个人的潜能，实现预定的目标。“历史不能假设，过去不能重来。”在人生路上回头的代价是很高的，除了时间不再来之外，日趋专业的职业分工，也使得职业生涯规划的复杂程度越来越高。因此，大学生需要通过具有前瞻性的职业生涯规划，减少在人生路上的徘徊犹豫，以免浪费时光。

（1）大学生职业生涯规划是大学生成才的有效办法。

（2）大学生职业生涯规划有助于全面提高大学生综合素质。

（3）大学生职业生涯规划有利于增强大学生的主体意识。

（4）大学生职业生涯规划有利于帮助大学生开拓美好前程。

（四）职业生涯规划的类型

按照规划的时间维度，职业生涯规划可以划分为短期规划、中期规划、长期规划和人生规划四种：

（1）短期规划。即两年以内的规划，主要是确定近期目标，规划近期应完成的任务。

（2）中期规划。一般涉及两年至五年内的职业目标和任务，是最常用的一种职业生涯规划。

（3）长期规划。即五年至十年的规划，主要是设定较长远的目标，以及为实现此目标应采取的具体措施。

（4）人生规划。是整个职业生涯的规划，时间长达40年左右，设定整个人生的发展目标和阶段。

从字面上看，人生的职业生涯规划从短期、中期、长期，直至整个人生规划，如同阶梯般需要一步一步地发展。但在实际操作中，时间跨度太长的规划由于环境和个人自身的变化难以把握，而时间跨度太短的规划意义又不大，所以，一般人们把个人职业规划的重点放在二至五年内的中期规划，这样既便于根据实际情况设定可行的目标，又便于随时根据现实的反馈进行修正和调整。

大学生职业生涯规划是学生在大学期间进行系统的职业生涯规划的过程。它包括大学期间的学习规划、职业规划和生活规划，职业生涯规划的有无及好坏直接影响到大学期间的学习生活质量，更直接影响到求职就业甚至未来职业生涯的成败。从狭义职业生涯规划的角度来看，大学阶段主要是职业的准备期，主要目的在于为未来的就业和事业发展做好准备。

第二节 职业生涯规划的影响因素

影响职业生涯规划的因素有很多，总体上讲主要有个人、社会、家庭、环境四类。这些方面直接关系到我们能否制定好适合个人发展的职业生涯规划，从而影响到一生的前途。

一、影响职业生涯规划的个人因素

影响职业生涯规划最重要的因素就是个人因素，个人因素主要是个人特质、教育背景。

1. 个人特质

个人特质一般是指人在性格、气质等方面表现出来的特性，跟职业生涯关系比较密切的主要是兴趣、意志、能力、人生目标。

兴趣是决定职业生涯选择的重要依据，当一个人对某种职业发生兴趣时，他就能发挥整个身心的积极性，就能积极地感知和关注该职业的知识动态。兴趣可以提高人们的工作效率，兴趣可以调动人的全部精力，以敏锐的观察力、高度的注意力、深刻的思维和丰富的想象力投入工作，进而大大提高工作效率。在其他条件相似的情况下，从事自己感兴趣的职业不但能让我们感到满意，而且能够让我们的工作单位感到满意，并由此保持工作的长期性和稳定性。此外，多方面的兴趣能够使人应付多变的环境，如果变换工作，只要自己感兴趣，就能够很快地学会这门工作技能，求职成功，并能够在新的岗位上很快地熟悉和适应新的工作。人们不仅需要知道自己有能力从事什么样的工作，更重要的是需要知道自己对哪类工作感兴趣，只有将能力和兴趣结合起来考虑，才能规划好职业生涯并取得职业生涯的成功。

意志是一个人自觉地确定目标，支配与调节自己的行动，克服各种困难，从而达到预期目标的心理状态。一个人对自己行动的目的有着正确、充分的认识，善于明辨是非，能当机立断做出决定并予以执行，有坚韧的毅力、百折不挠的精神，在行动中善于控制自己的情绪，约束自己的言行，干事情有刻苦执着的精神等，这样有助于职业生涯获得成功。职业生涯规划的自觉性、进行职业抉择的果敢性、为实现长期职业目标而努力的坚韧性、职业规划和决策的自制性、为完善职业生涯规划做出大量努力的勤奋性等方面都有益于达到职业生涯规划的科学性和合理性。没有坚强的意志，人就会在顺境中得意忘形，在逆境中消沉颓废，最终不能实现自己的职业生涯规划。意志强弱对于一个人的职业生涯规划来说有着重大的影响作用。

能力是掌握和运用知识的技能，直接影响活动效率，是活动顺利完成的个性心理特征。个人能力决定了个人在职业生涯的道路上能够走多远，因为不同职业、每一职业发展的不同阶段对个人能力的要求都是不同的，所以无论选择了什么职业，向前发展都会受到能力的限制。在此意义上，个人能力比职业选择更加重要，能力足够强的个人，即使选择了非最优的职业道路，一样可以取得理想的结果。

人生目标，是一个人终生所追求的固定的目标，生活中的一切事情都围绕着它而存在。终极目标能激发人们的热情和活力，会给人们带来长久的幸福、安宁和富裕，它是一项人们注定会去做的事情。目标越高，人们的动力就越大，眼界越高，考虑问题越全面；目标越低，人们越易安于现状、产生惰性，对职业选择也是如此。

2. 教育背景

教育是赋予个人才能、塑造个人人格、促进个人发展的社会活动，它奠定了一个人的基本素质，对人生有着巨大的影响。有时候，一个企业会拒绝未达到某一教育水准的人。有些人拥有的技术已过时或者过于专业化，结果因为市场对他们的才能需求削减，他们在职业上的处境就较为不利了。现在树立终身教育的观念，不断学习成为人们的主要任务。教育上的成功与社会阶层的晋升有明显的关联，教育是改变社会阶层的主要动力，教育是一项工具，能够帮助他们突出于庸碌的同事之上。人们的专业、职业种类，对于其职业生涯有着重大的影响，往往成为其职业生涯的前中部分以至一生的职业类别，即使人们转换职业，也往往与其所学专业有一定联系。

二、影响职业生涯规划的社会环境因素

社会，是人才得以活动及发挥才干的舞台，也是影响人们成长与成功的重要条件和因素。社会环境的政治经济形势、涉及人们职业权利方面的管理体制、社会文化与习俗、职业的社会体系等社会因素决定着社会职业岗位的数量与结构，决定着社会职业岗位出现的随机性与波动性，从而决定了人们对不同职业的认定和步入职业生涯、调整职业生涯的决策。用人单位对员工的培养、自身的亲戚朋友交际网、在职业发展过程中所能获得的帮助、提高素质所需的学习机会和资料、与职业生涯发展方面有关的制度与政策等也对社会职业结构的变迁、个人的职业生涯变动的规律性产生影响。

社会环境因素中不得不提的还有机遇。机会，是一种随机出现的、具有偶然性的事物。在一个人一生当中会遇到许多偶然的机会，有利的偶然机会就是机遇。如果社会上出现了给一个人提供个人发展、向上流动的职业环境，对于职业发展而言，那就是出现了机遇，这对一个人的职业生涯规划有积极的推动作用。把握机遇的前提是完善自我、提高素质、具备职业发展的潜质。不具备这些前提，那机遇就不会青睐这种人，这种人就会与机遇擦肩而过。具备了这些前提还要善于发现机遇，如果漠视机遇，那这种人算是英雄无用武之地，找不到职业发展的方向。抓住机遇是关键，只有抓住了机遇，才能有一个施展才华、快速成长的机会。机遇对于任何人都是平等的，而机会又总是降临于素质高、有准备的人的身上，谁素质高、准备充分，谁就能够抓住机遇，获得机会。

三、影响职业发展的家庭因素

家庭是人生活的重要场所，一个人的家庭也是造就其素质以至于影响生涯的主要因素之一。一般父母对自己的子女会有一种期望，这种期望会在人的幼年时期留下印象，并随时间的推移而强化，比较高的期望会有激励作用。父母所从事的工作职业是人们观察社会工作职业的开始，父母对自己的职业的认同与否，对子女将来是否愿意从事这种职业有很大的影响。父母及亲戚平日干得比较多的行为，人们易于接受并熟悉，这会影响人们职业理想的确立和职业选择的方向、种类。一个家庭经济条件好，会使人们在将来所受教育的程度更高，职业选择方面空间更大；一个家庭经济条件差，会使人们所受教育培训的机会减少，而且会使人们感到沉重的家庭责任，在是否读书深造、工作单位离家远近及效益好坏方面思虑颇多。

四、职业生涯中的不良因素

职业生涯中的不良因素包括以下八个方面：

1. 意志薄弱

个人的生涯选择容易受外在因素的影响，如因父母、朋友、社会价值观而减少投入时的毅力，甚至放弃自己真正想要的目标。

2. 犹豫不决

对自己本身缺乏信心、充满担心，而迟迟不采取与生涯发展有关的行动。

3. 信息探索

不能积极地去搜集相关信息，或不清楚取得这些信息的渠道。

4. 个人特质方面

没有主见，被动，习惯由他人为自己做决定，或抗拒自己做规划等。

5. 方向选择

对自己做过的生涯选择感到怀疑，或者目前有多种选择不知如何着手。

6. 自己所读的专业

所学专业不符合自己的期待，或认为是不适合自己的。

7. 学习状况

对自己的学习成果不满意而产生的负性效应。

8. 学习困扰

在学习上，与同学或异性不良的互动关系所产生的负性效应。

在仔细分析了影响自己职业生涯的各种因素之后就可以较好地解决职业生涯设计中“干什么”“何处干”“怎样干”这三个最基本的问题。这三个问题解决好了，职业生涯发展就会比较顺利。

第三节　大数据专业方向的职业生涯规划

一、专业和专业对应的职业群

（一）专业

专业是根据学科分类或者生产部门的分工把学业分成各门类，如会计、企业管理、餐饮服务、电子商务、文秘等专业。专业是依据社会经济发展、产业结构变化以及市场对人才需求而设置的，是个人职业生涯发展的起点，也是个人实现职业理想的基础。

专业学习是为将来从事某一职业做准备的。可以说，专业学习是我们打开职场大门的一把金钥匙。在工作岗位上，如果没有一定的专业知识、专业技能，不具备从业所必需的本领，就无法履行岗位职责。这就像司机不会开车，教师不会讲课，护士不会打针一样。因此，在就业竞争日趋激烈的形势下，只有具备扎实的专业知识和过硬的专业技能，才能在就业竞争中占有优势，为顺利就业创造有利条件。

大数据采集与管理专业是从大数据应用的数据管理、系统开发、海量数据分析与挖掘等层面系统地帮助企业掌握大数据应用中的各种典型问题的解决办法的专业。

大数据能帮助企业找到一个个难题的答案，给企业带来前所未有的商业价值与机会。大数据同时也给企业的 IT 系统带来了巨大的挑战。通过不同行业的大数据应用状况，我们能够看到企业如何使用大数据和云计算技术，解决他们的难题，灵活、快速、高效地响应瞬息万变的市场需求。

（二）专业对应的职业群

每一个专业既可以对应一个职业，也可以对应一个职业群或几个相关的职业群，甚至对应一个或几个相关的行业。如文秘专业可以与前台接待、行政助理、档案管理等职业相对应。

专业与职业的关系：

专业与职业既有区别又有联系，专业为职业服务，职业对专业具有引领作用。每一个专业都为若干相近的职业群提供必要的基础知识和基本技能。

大数据主要的三大就业方向：大数据系统研发类人才、大数据应用开发类人才和大数据分析类人才。

在此三大方向中，各自的基础岗位一般为大数据系统研发工程师、大数据应用开发工程师和数据分析师。

二、职业生涯规划的设计原则及步骤

做职业生涯规划时要将个人与组织相结合，在对一个人职业生涯的主客观条件进行测定、分析、总结的基础上，对其兴趣、爱好、能力、特点进行综合分析与权衡，并结合时代特点和被规划者的职业倾向，确定其最佳的职业奋斗目标，并为实现这一目标做出行之有效的安排。

（一）大学生职业生涯规划应遵循的基本原则

职业生涯规划要从生活发展需要出发，正确认识自身的条件与相关环境，从专业、兴趣、爱好、特长、机遇等方面尽早确定自己未来的发展方向。大学是培养专业人才的重要基地，大学生应当从跨入校门开始确立自己的未来职业生涯目标；学校管理部门也应当指导学生科学地确立这样的目标。在学生确立职业生涯规划时，应遵循以下基本原则：

（1）职业生涯规划必须与社会需求相结合。

择业是一种社会活动，它必定受到社会的制约，如果择业脱离社会的需求，将很难被社会接纳。职业生涯规划要把握社会对人才需求的动力，以社会需求作为出发点和归宿。这样的职业生涯规划才有现实性和可行性。

（2）职业生涯规划必须与所学专业相结合。

每一个大学生都有自己的专业，每一个专业都有一定的培养目标和就业方向，经过大学阶段的学习，大学生都具有某一领域的专业知识和技能，这是每一个人的优势所在。而且，用人单位在招聘过程中，首先要考虑大学生所学的专业。因此，大学生在进行职业生涯规划时，应以所学专业为依据。否则，如果所从事的职业不是自己所学的专业，在参加工作后就要重新“补课”，这无形中为自己的工作和生活增加了许多负担，对个人职业发展是极为不利的。

（3）职业生涯规划必须与提高综合能力相结合。

知识经济时代是崇尚创新、充满创造力的时代，应养成推陈出新、追求创意和以创新为荣的意识，要有广博的视野、掌握创新知识以及善于开创新领域的能力；树立终身学习的思想观念，不断更新知识结构，有针对性地“充电”，以适应瞬息万变的形势，跟上时代发展潮流；应注重个性发展，要用知识探索未知，解决问题，创造机会与财富，成为社会的强者，在此过程中，还应承认个人智慧具有局限性，懂得自我封闭的危险性、团结协作的重要性，才能以合作伙伴的优势弥补自身的缺陷，增强自身力量，在各种人际交往中有良好的沟通能力，与他人友好合作，才能更好地应付知识经济时代的各种挑战。

（4）职业生涯规划必须与增强身心健康相结合。

千变万化的社会要求大学生要有健康的体魄和良好的心理素质。古希腊哲学家赫拉克利特曾指出："如果没有健康，智慧就难以表达，文化就无从施展，力量就不能战斗，财富变成废物，知识也无法利用。"在人生选择与实践过程中，应培养和锻炼自己对挫折的承受能力和情绪调控能力，增加生活的磨炼与体验，以正确的人生态度对待困难和挫折。

（二）大学生职业生涯规划的主要步骤

大学生职业生涯规划一般经过树立生涯志向，进行自我剖析与定位，评估职业生涯机会，确定职业生涯目标，选择职业生涯路线，制定职业生涯策略并实施，对职业生涯设计进行评估、反馈与修正等步骤。

（1）生涯志向的树立。

志向是事业成功的基本前提，没有志向，事业的成功也就无从谈起。俗话说，"志不立，天下无可成之事。"综观古今中外，各行各业佼佼者，都有一个共同的特点，就是有远大志向。立志是人生的起跑点，反映着大学生的理想、胸怀、情趣和价值观，影响着一个人的奋斗目标及成就。所以，大学生在制定生涯规划时，首先要确立志向，这是制定职业生涯规划的关键，也是职业生涯中最重要的一点。

（2）职业生涯的自我剖析与定位。

自我剖析就是要通过科学认知的方法和手段，对自己的职业兴趣、气质、性格、能力等进行全面认识，清楚自己的优势与特长、劣势与不足。自我剖析要客观、冷静，不能以点代面，既要看到自己的优点，又要正视自己的缺点。只有这样，才能避免设计中的盲目性，达到设计高度适宜。

（3）职业生涯机会的评估。

职业生涯机会评估主要是指分析内外环境因素对自己职业生涯发展的影响。人是社会的人，任何一个人都不可能离群索居，都必须生活在一定的环境之中，特别是要生活在一个特定的组织环境之中。环境为每个大学生提供了活动的空间、发展的条件、成功的机遇。特别是近年来，社会的快速变迁，科技的高速发展，市场的竞争加剧，对大学生的发展产生了很大的影响。大学生如果能很好地利用外部环境，就有助于事业的成功。因此在进行职业生涯规划时，要分析环境的特点、环境对大学生提出的要求以及环境对自己有利与不利的因素等。

（4）职业生涯目标的确定。

职业生涯目标的确定，就是明确自己想成为一个什么样的人，在行政上达到某一级别、担任某一职务；在专业技术上达到某一职称、成为某一领域专家。明确正确的职业生涯目标是大学生职业生涯发展的关键。有了目标才有了追求事业的方向与动力。

（5）职业生涯路线的选择。

所谓职业生涯路线，是指当大学生确定职业生涯目标后，是向哪一条路线发展，即是向行政管理路线发展，还是向专业技术路线发展，或是先走技术路线，再转向行政管理路线。由于发展路线不同，对职业发展的要求也不相同。所以，在职业生涯规划中必须做出选择，以便使自己的学习、工作沿着预定的方向前进。通常职业生涯路线的选择须考虑以下三个问题，我想往哪一条路线发展？这是通过对自己的职业价值、职业理想、职业动机等的分析，确定自己的职业目标取向。我能往哪一条路线发展？这是通过对自己的性格、特长、经历、学历的分析，确定自己的职业能力取向。我可以往哪一条路线发展？这是通过对自己身处的社会环境、经济环境、政治环境、组织环境的分析，确定自己的机会取向。对于以上三个问题，进行综合分析，以此确定自己的最佳职业生涯路线。

（6）职业生涯策略的制定和实施。

职业生涯策略的制定和实施是指为实施职业生涯目标，制定相应措施方案并以实际行动予以落实。在确定了职业生涯目标后，就要制定相应的行动计划来实现它们，把目标转化成具体的方案和措施，分阶段进行。

（7）职业生涯设计的评估、反馈与修正。

生涯评估是指在实现职业目标的过程中有意识地搜集相关信息和评价，不断地总结经验和教训，自觉地修正对自我的认知，适时地调整职业目标。俗话说，计划赶不上变化。影响职业生涯规划的因素很多，有的变化因素是可以预测的，而有的变化因素难以预测。要使职业生涯规划行之有效，就须不断地对职业生涯规划进行评估，修正职业生涯目标，调整职业生涯策略，这样才能在激烈的就业竞争中，赢得成功，走向辉煌。

总之，大学生职业生涯规划不仅是一个复杂的程序，还需要科学的方法，并持之以恒，只有这样，才不至于白白浪费时间，才不至于毫无目标和毫无准备。

三、大学生职业生涯规划的实施

（一）实施职业生涯规划常见的阻力

目标的实现过程不可能是一帆风顺的，面对挫折与失败，有的人越战越勇，有的人晕头转向，为什么会有这么大的区别呢？究其原因，在于不同的人分析与解决问题的能力不一样。对目标实现过程中的阻力进行分析是很有必要的，大学阶段目标实现的阻力主要有以下几种情况：

1. 目标设置不合理

如某大学生在大学期间，既想学习成绩一流又想不上课自主创业成功，这显然是不太可能的。但以上目标如果分割成阶段性目标则是可以实现的。

就业、出国、创业均可以作为大学期间的发展目标，但必须具体、现实。如果选择先就业，那就要想清楚去什么地方就业、在什么行业就业、从事什么职位与性质的工作、希望拿多少工资等；如果选择出国留学，那就要考虑家庭经济承受能力、个人学习成绩尤其是外语水平等；如果琢磨着毕业后自主创业，那就必须积累经验、学会分析市场行情、制订创业计划等。目标没有对错之分，适合的就是最好的。如果选定的目标不合理，那就已经失败了一半。

2. 制定目标的当事人缺乏执行力

“性格决定命运，细节决定成败。”这句话非常有道理。经常听一些大学生讲：“我要考研。”可是没过多久，他就改变主意了。还有的大学生说：“从下周开始，我要好好学英语。”大家可能会问，为什么非要从下周开始而不是从今天开始呢？执行力就是心理学所说的毅力。毅力就是为了梦想去敲天堂的大门，频繁大声地敲，最后终于如愿以偿。范仲淹在吃不饱、穿不好的艰苦条件下，能坚持读书，最后还当上了宰相。他靠的正是毅力，是毅力使他成功了，是毅力使他当上了宰相。

3. 目标实现的外在条件缺失或者发生改变

从哲学的层面上讲，目标实现的内在条件相当于内因，外在条件相当于外因。

所谓内因即内部矛盾，是指事物内部各要素之间的对立统一关系。外因就是事物的外部矛盾，是指某事物同其他事物之间的对立统一关系。事物在各种外在条件的影响下，矛盾双方的力量处在此消彼长的不断变化中，矛盾双方的力量对比发生根本性的变化，便会引起双方地位的相互转化，于是新矛盾取代旧矛盾，新事物取代旧事物。事物的发展是内因和外因共同起作用的结果，矛盾是事物发展的动力。外在条件虽然有不可控制性，但它毕竟要通过内在条件才能起作用，人是有主观能动性的，人们不仅可以利用与改造外在条件，还可以创造条件实现目标。

（二）克服阻力的方法

1. 将目标视觉化

人要成功，就需要运用潜意识的力量。最简单的方法就是要将目标视觉化输入潜意识。视觉化能使我们在内心产生一幅理想的景象，并且能够指引我们按部就班地行动，实现目标，成为自己希望成为的人。视觉化越具体，重复的次数越多，自己的目标越清晰，意义就越重大，战胜困难的信心就越强，对自己的激励作用也就越大。任何一件事，只要持续放在脑海中，我们就可能达到和拥有想要的模式。成功的人时常想到成功的景象，失败的人时常想到失败的景象。

怎样将目标视觉化呢？第一步，制作梦想板。先将我们想实现的目标写在纸上，也可以将我们想实现的梦想画出来或者找与之相关的图片。第二步，将梦想板贴在我们常常能看到的地方，或者制作成小卡片随身携带，并且有事没事就看着它。久而久之，梦想就会刺激我们的潜意识，并在我们的脑海中根深蒂固。一旦我们的潜意识记住了这个目标，它就会引导我们所有的行为去配合目标，并且将它实现。

2. 勇于坚持

人生就是一场马拉松赛，开始跑在最前面的未必能一直领先，成为一名胜利者；原来落在后面的并不一定就永远不能后来居上，命中注定做一名失败者。有人老是在别人的成就和荣耀面前哀叹自己起步太晚，其实每一位马拉松参赛者都明白，迟三步五步，甚至十步百步都不算晚，关键是能否坚持到终点。成功者是用拼搏精神描写坚毅的感人传奇。要去判断人生道路上的这场胜负，在于用毅力换来的成绩，正如判断一棵果树的优劣，是看它结的果实是否丰硕，而不苛求它的叶子是否葱郁。成功者常常用毅力去写迷人的胜利传奇。

3. 不轻易放弃目标

成功的人和不成功的人只相差一点点。成功的人可以无数次修改方法，但绝不轻易放弃目标；不成功的人总是变换目标，却从不或很少改变方法。在职业生涯发展的道路上，只要不放弃目标，每一次挫折、每一次失败都是有价值的！只有暂时没有找到解决方法的困难，没有解决不了的困难。

在人生成长的路上，在所有的改变中，最容易改变的是自己的心态。无论何时，都要记住："谁也不能让我放弃，我永不放弃！"

4. 及时评估与修正

社会环境在随时发生变化，自我也在不断改变，因此职业发展规划是一个动态的过程，绝不是确定了具体计划之后，就能一劳永逸地执行下去。个人如果不能随时根据变化的情况，对具体的职业发展计划进行调整，职业发展规划就会沦为空洞的自我设计。因此，为有效实施职业发展规划，必须要在实施过程中随时评估，并根据评估结果的变化及时修正。评估与修正的内容主要有以下几点：

（1）职业目标评估。是否需要重新选择职业？

（2）职业路径评估。是否重新选择实现目标的路线？

（3）实施策略评估。是否需要改行动策略？

（4）其他因素的评估。包括身体、家庭、经济状况以及机遇、意外情况。

四、职业生涯规划的调整与修正

调整即重新调配和安排，以适应新的情况和要求。而修正是改正、修改，使其正确的意思。其内容包括：职业的重新选择，职业生涯路线的选择，阶段目标的修正，实施措施与行动计划的变更等。职业生涯规划需要不断调整与修正，一个好的职业生涯规划需要具备可行性，需要有实施计划的具体措施和时间。但是职业生涯规划做得过细也会束缚自己的手脚，可能丧失随时到来的种种机会，又会因为不切实际而丧失可操作性。在影响职业生涯的许多因素难以预料的情况下，要使职业生涯规划行之有效，就必须使职业生涯规划具有足够的弹性，在实践中不断进行评估和调整。这就需要我们在实践中定时、定期地检验目标的完成情况，评估环境的变化，从而做出正确的调整与修正，并根据评估的结果进行目标和策略方案的调整与修正。

1. 调整与修正的必要性

计划赶不上变化。影响职业生涯规划的因素有很多，有的变化因素是可以预测的，而有的变化因素则难以预测。要使职业生涯规划行之有效，就须不断地对职业生涯规划进行评估、修正。调整的内容包括发展目标、发展阶梯、发展措施，调整的依据是发展的内、外条件的变化。

成功的职业生涯规划需要制订者时时审视内、外环境的变化，并且不断对其进行调整。目标的存在只是为前进指明一个方向。而制订者是目标的创造者。制订者可以在不同时间、不同环境下更改目标，使之更符合自己的理想。一个人不断修正自己的目标，才能使自己立于不败之地。制订规划是为了发展，调整规划也是为了发展。在职业生涯的每个阶段，为适应社会变化，我们必须经常思考：我要怎么做？我的下个工作要做什么？当我做现在的工作时将为下一个工作做什么准备？主动调整职业生涯规划。调整规划并非轻易放弃自己的追求，而是让自己的规划更适应社会、更适合自己。万不可因为外界的变化而丧失信心、怨天尤人、自暴自弃。

科学进步的重要标志是新技术、新工艺在生产中的广泛运用和推广。人们的就业岗位或因新技术、新工艺的运用推广，或因设备更新，或因其任务、职责的变化，而对就业者的要求发生变化。每一次变化都会使一些人由于不适应正在从事的职业而流动。而他们对新职业也要有一个适应的过程，如果适应不了则还会继续改变职业方向。

面对变化多端的职业岗位，我们自己到底适合干什么，不适合干什么，也还需要得到实践的检验。

在职业生涯发展的各个阶段，从业者都应经常称称自己的“斤两”，并分析所追求的目标及人生价值实现的情况。许多不成功的职业生涯规划都源于制订者对自己、对外界变化分析的忽视。调整职业生涯规划的实质就是要通过对以往成长经验的反省来检视自己的价值，使自己适应新的变化。

2. 调整与修正的目的

（1）对自己的强项充满自信。

（2）对自己的发展机会有清楚的了解。

（3）找出关键的有待改进之处。

（4）为这些有待改进之处制订详细的行为改变计划。

（5）以合适的方式答复那些给予反馈的人，并表示感谢。

（6）实施行动计划，确保能取得显著的进步和成就。

对于初次走上社会的我们，职业生涯规划调整的最佳时期有两个：一是毕业前夕，此时我们有了求职的实践，可根据新的就职信息和供需实际，在求职过程中进行调整；二是工作三年左右，此时我们有了从业的实践，可根据从业过程对自身条件的检验以及周围环境和自身素质的变化，及时予以调整。这两次调整既可以是近期目标即具体职业岗位的调整，也可以是远期目标或职业生涯发展路线的调整。

在工作三年左右时调整的原因主要有三个：一是我们初次择业，难以找到十分适合自己的职业；二是在校时设计的职业生涯规划，毕竟是从学生的角度制订的，自己确定的职业发展目标不一定符合实际，并且缺乏实践检验；三是已有从业经历，对社会、对人生有了切身体验，有了更深刻的认识。因此，在就业两三年后，重新审视自己，及时调整发展方向，对今后几十年的职业生涯有重要意义。

就在一个公司内调动工作岗位而言，职业生涯发展路线可能有三种选择。一是纵向发展，即职务等级由低级到高级。二是横向发展，即在同一层次的不同职务之间调动，如由部门经理调为办公室主任。这种横向发展可以发现自身才能与工作的最佳结合点，同时又可以积累各个方面的经验，为以后的发展创造更加有利的条件。三是向核心方向发展，即职务虽然没有晋升，但是担负了更多的责任，有了更多的机会参与公司的各种决策活动。

3. 调整与修正的内容

（1）职业方向的调整。

职业方向的正确与否直接关系到职业生涯是否成功，它是职业生涯成功的关键因素。在实际工作中许多人都会发现自己职业发展不顺利，其原因就是最初制订的职业方向是错的。有很多人会问，制订职业生涯规划的时候是依据科学的方法进行的，为什么还会出现职业方向选择错误的问题呢？

一是自己的爱好发生了变化。最初，职业方向在很大程度上是依据个人兴趣和爱好进行选择的。随着时间的推移，在一些内外环境和自身条件变化的影响下，我们的兴趣和爱好很可能随之变化，原来的职业方向与新的兴趣爱好相冲突，所以造成职业发展的不顺利。

二是缺乏对内、外环境的客观分析。不少人在分析客观环境时不是进行实际的了解，而是进行主观判断，敷衍了事，这就使自己对内、外环境的认识出现了偏差。

三是在制订职业生涯规划时，缺少对工作的真实体验，由于认识不够，导致职业方向选择出现问题。应该说，职业方向选择错误对大学生来说是很正常的，不要因为选择错误就丧失信心，迷失方向。由于职业方向选择错误会直接导致职业目标和职业生涯路线的错误，因此，在综合分析、冷静思考的基础上，要对职业方向、职业目标和职业生涯路线做出修正与调整。

（2）策略和措施的调整。

有时候我们发现，职业生涯发展不顺利并不是因为职业方向选错了或职业目标有问题，真正的原因可能是我们针对职业目标所制订的策略和措施不合适。在设计好的职业生涯规划中，我们会根据自己与职业目标之间的差距制订一些策略和措施。如为了达到职业目标所要求的素质，要计划参加一些培训、进行实践锻炼等。这些措施又可以具体到参加什么培训班，选择哪个老师等。这些都会影响职业目标的实现。因此，当职业发展不顺利的时候，如果不是职业方向出了问题，就要考虑是不是策略和措施制订得不好，如果有问题要及时进行修改，以免影响以后的发展进程。

（3）行为和心理的调整。

当我们发现职业发展不顺利时，原因可能是职业方向选择错误，或者是制订的策略和措施有问题。但有的时候这两方面都没有问题，而是我们的心理和行为不配合。因此，我们要学会调整自己的心理状态。在职业生涯规划实施的过程中，首先，我们要自信，相信自己的选择和判断，不要妄自菲薄，也不要盲目自大。其次，在确定好目标以后，一定要坚定不移地走下去，除非发现目标出现了问题，否则不要轻易放弃自己的计划。最后，人不管在什么时候都要保持乐观、积极的态度，这样才会成功。

我们反复强调，职业生涯规划并不是一劳永逸的工作，它是一个动态过程，需要不断地完善改进，以适应环境的变化。我们要讲求实际，合理准确地评估自己，并不断地加以调整，才能合理定位职业生涯方向，才能每天朝着这一方向努力前进，才会获得最终的成功。

第四节　技能训练

一、训练项目 1——我的职业生涯规划设计

职业生涯规划书参考模板

（一）封面

作品名称、规划时间，可以在封面插入图片和格言
姓名：×××
系及班级：×× 系 ×× 班级
学号：××××××××××
联系电话：×××××××××××

（二）目录

总论（引言）
第一章：认识自我
1. 个人基本情况
2. 职业兴趣
3. 职业能力及适应性
4. 个性特质
5. 职业价值观
6. 胜任能力
7. 自我分析小结
第二章：职业生涯条件分析
1. 家庭环境分析
2. 学校环境分析
3. 社会环境分析
4. 职业环境分析

5. 职业生涯条件分析小结
第三章：职业目标定位及其分解组合
1. 职业目标的确定
2. 职业目标的分解与组合
第四章：职业方案实施
1. 职业发展路径确定
2. 行动计划实施
第五章：评估调整
1. 评估的内容
2. 评估的时间
3. 规划调整的原则、内容
结束语

（三）正文

总论（引言）
第一章：认识自我
结合相关的人才测评报告对自己进行全方位、多角度的分析。
1. 个人基本情况
2. 职业兴趣——喜欢干什么
个人职业兴趣的前三项是……
3. 职业能力及适应性——擅长做什么
××× 能力较强，××× 能力较弱，具体情况是……
4. 个人特质——适合干什么
具体情况是……
5. 职业价值观——最看重什么
具体情况是……
6. 胜任能力——优势劣势是什么
优势是……，劣势是……
7. 自我分析小结
第二章：职业生涯条件分析
1. 家庭环境分析
如经济状况、家人期望、家庭文化等以及对本人的影响。
2. 学校环境分析

如学校特色、专业学习、实践经验等。

3. 社会环境分析

如就业形势、就业政策、竞争对手等。

4. 职业环境分析

（1）行业分析。

如 ×× 行业现状及发展趋势、人业匹配分析。

（2）职业分析。

如 ×× 职业的工作内容、工作要求、发展前景、人岗匹配分析。

（3）企业分析。

如 ×× 单位类型、企业文化、发展前景、发展阶段、产品服务、员工素质、工作氛围、人企匹配分析。

（4）地域分析。

如 ×× 工作城市的发展前景、文化特点、气候水土、人际关系等，入城匹配分析。

5. 职业生涯条件分析小结

第三章：职业目标定位及其分解组合

1. 职业目标的确定

综合第一部分（自我分析）和第二部分（职业生涯条件分析）的主要内容得出本人职业定位的 SWOT 分析：

内部环境因素

优势因素

弱势因素

外部环境因素

机会因素

威胁因素

结论：职业目标，如将来从事（×× 行业的）×× 职业；

职业发展策略，如进入 ×× 类型的组织（到 ×× 地区发展）；

职业发展路径，如走专家路线（管理路线）。

2. 职业目标的分解与组合

把职业目标分成三个规划期，即近期规划、中期规划和远期规划，并对各个规划期及其要实现的目标进行“分解”。

职业生涯规划总表

计划名称：××××

时间跨度：×× 年—×× 年

总目标：×××

分目标：×××

计划内容：××××××××××

策略和措施：×××××××××

备注：××××

近期计划：

×× 年—×× 年

如大学毕业时要达到……

如大一时要达到……大二时要达到……或在某个方面要达到……

如专业学习、职业技能培养、职业素质提升、职业实践计划。

如大一以适应大学生活为主，大二以专业学习和掌握职业技能为主……或为了实现 ×× 目标我要……

大学生职业规划的重点：×××××××××

中期计划：

×× 年—×× 年

如毕业后第五年要达到……

如毕业后第一年要达到……第二年要达到……或在某个方面要达到……

如职场适应、人脉积累、岗位转换及升迁。

……

大学生职业规划的重点：×××××××××

远期计划：

×× 年—×× 年

如退休时要达到……

如毕业后十年要达到……二十年要达到……

如事业发展、工作、生活关系、健康，子女教育等。

方向性规划

具体路径：×× 员初级 ×× 中级 ×× 高级 ××

第四章：职业方案实施

1. 短期目标的具体实施计划

本人现正就读大学 ×× 年级，我的大学计划分为四个阶段……

2. 中期目标的具体实施计划

3. 长期目标的具体实施计划

4. 人生总目标的具体实施计划

第五章：评估调整

1. 评估的内容

（1）职业目标评估。（是否需要重新选择职业？）假如一直……那么我将……

（2）职业路径评估。（是否需要调整发展方向？）当出现……的时候，我就……

（3）实施策略评估。（是否需要改变行动策略？）如果……我就……

（4）其他因素评估。（身体、家庭、经济状况以及机遇、意外情况的及时评估）

2. 评估的时间

在一般情况下，定期（一年或半年）评估规划；当出现特殊情况时，随时评估并进行相应的调整。

3. 规划调整的原则、内容：因时而动、随机而变

结束语

二、训练项目 2——职业采访汇报会

（一）项目目的

职业人物访谈是帮助大学生职业选择和职业定向的一种方式，是在校期间职业生涯规划的一个环节，是一种获取职业信息的有效渠道，目的在于使学生了解和认识社会需求、职业需求、职业环境和基本状况，帮助学生检验和印证以前通过其他渠道获得的信息，并了解与未来工作有关的特殊问题或需要，如潜在的入职标准、核心素质要求、晋升路径和工作者的内心感受等。

（二）项目实施过程

1. 寻找采访人物

结合自己的兴趣、技能、工作价值观、教育背景和已掌握的职业知识列出未来可能从事的职业，然后寻找 3 位在职人士作为采访人物。采访人物可以是自己的父母、亲人、老师和朋友，可以是他们推荐的人，也可以借助行业协会、学友或某个具体组织的网页来寻找其他职场人士。（注意：采访的人物职业应是自己向往的。每个职业领域的生涯人物应结构合理，既有初入职场的人士，也有工作了一定年限

的中高层人士）

2. 拟定访谈提纲

结合目标职业信息设计访谈问题，对人物的访谈可以围绕以下要点进行：行业、单位名称、职业（职位）、工作的性质类型、主要内容、地点、时间、任职资格、所需技能、市场前景、行业相关信息、工作环境、工作强度、福利薪酬、工作感受、员工满意度等。

3. 预约并实地采访

预约方式有电话、QQ、电子邮件和普通信件等，其中电话最好。预约时首先介绍自己，然后说明找到对方的途径、自己的采访目的、感兴趣的工作类型以及进行采访所需要的时间，确认采访的日期、时间和地点。

注意 联系前的准备要充分，电话联系时还应备好纸和笔，以备临时电话采访；联系时一定要有礼貌，时间要短。

访谈方式可以是面谈、电话访谈、QQ 访谈，最好是面谈。访谈前，采访者一般可以用已经从其他渠道了解的生涯人物的好消息轻松地打开话题。之后就可以按设计好的问题开始访谈了。遇到被采访人谈兴正浓时，采访者要乐于倾听，给他（她）留出提供其他信息的机会。在访谈结束时，请被采访人再给自己推荐其他相关的人。这样就可以以滚雪球的方式拓展自己的职业认知领域。

4. 访谈结果分析

在一个职业领域采访三个以上的人物后，对照之前自己对该职业的认识进行比较，找出主观认识与现实之间的偏差，确定自己是否适合这一行业、职业和工作环境，是否具备所需能力、知识与品质，进而详细制订自我培养计划。如果访谈结果与自己之前的认识出现严重脱节，就有必要进入另一个职业领域开展新一轮生涯人物访谈。

5. 总结

在访谈活动结束后，将访谈分析结果提交《职业采访总结报告》。

本章总结

通过本章的学习，掌握设计职业生涯规划的目的、原则与方法，确立职业目标的依据，以及根据自身特点、专业及爱好有效制订和实施适合自己的职业生涯规划，并身体力行地实施既定的规划。

本章的内容学到这里，请在下面写下自己的学习和训练体会，帮助自己进一步提高。

____

____

____

____

____

本章习题

1. 针对职业发展，目前最大的困扰是什么？
2. 面对未来 3 ～ 5 年或者 10 年，甚至更长的时间，我们有规划过未来吗？
3. 如何延长职业成熟期时间、延缓职业衰退期的到来？

第六章 找准求职目标

本章重点

◎制定就业目标
◎就业信息的搜集
◎就业信息的使用

本章难点

◎培养就业信心
◎就业信息的筛选

随着近几年大学毕业生人数逐年增多，大学生遇到了严峻的就业挑战，同时也遇到了难得的人才发展、培养、成长机遇。在大学阶段，针对目前就业形势，更应该转变大学生的就业观念，使其树立正确的择业观，客观地看待和分析就业环境，明确就业目标，做出最合理的就业选择。当代大学生应该学会利用好信息时代的便利条件多渠道搜集就业信息，提升就业质量。

本章主要讲调整就业心态，明确就业目标，搜集适合自己的就业岗位，提升就业概率和质量这四部分内容。通过本章的学习，学生们能够针对自己的实际情况确定就业目标，能利用自己的资源寻找就业岗位。

第一节　调整就业心态

随着近几年高校扩招，毕业生人数逐年增多，2019 年高校毕业生人数将达 834 万，再创历史新高，就业形势越发严峻。在大学阶段，针对目前就业形势，转变就业观念，调整就业心态，树立正确的择业观，客观地看待和分析就业环境，做出最合理的就业选择，显得尤为重要。

一、制定就业目标

对于即将步入职场的大学生来说，每个人都应该制定一个属于自己的就业目标。没有目标就像无头苍蝇一样乱撞，没有归属感。那么制定就业目标应该从哪几个方面考虑呢？

1. 就业方向

对于高校的毕业生来说，首先应该确定的就是就业方向。在自己所能够了解的职业中，哪些是自己非常乐意去从事的职业和方向呢？反问一下自己：我想做什么？未来的工作就是自己的职业，应根据自己的兴趣爱好、个人优缺点及家庭状况等因素来确定适合的工作，制定适合的就业方向。主要有这几大方向，即公务员、事业单位、教师和企业（或创业）几大方向。

2. 个人能力

大的目标方向确定后则需进一步细化目标。同样反问自己：我能做什么？这个和前一个问题不同了，喜欢的未必是自己有能力去胜任的。公务员、事业单位和教师则必须通过国家统一的招考，教师则应同时具备相应的教师资格。对于没有太多工作经验的应届生来说，到企业工作是大多数毕业生选择的方向，因为企业就业不但面广，而且通过率较高。但不能眼高手低，必须客观地判断自己目前所掌握的技能，以及是否能够胜任此工作的具体岗位需求。若人毅力足够，又能够通过实践和时间来开发个人的潜能，这个时候制定职场目标就可以更大一些。

3. 市场需求

有了个人的就业目标，且也有相关的能力，但更为关键的是这样的岗位是否有市场需求，受不同区域及经济水平的影响，所对应的岗位需求是大不一样的。了解社会招聘需求岗位的最佳途径，就是经常浏览当地主流权威的招聘报纸或是浏览当地比较著名的人才招聘网站。但了解市场需求不仅仅是依靠报纸和网站，应多跑跑当地每周或每月定期开展的人才现场交流会，在人才现场交流会上，除了了解岗位需求之外，还有在现场与用人单位直接面对面的交流和接触的机会，对于了解目标岗位的技能要求，面试技巧及沟通等经验都有非常大的提升。

二、培养就业信心

随着高校毕业生人数的增多，就业的竞争也越来越受学业成绩、个人能力及自我效能感等多种原因的影响，越来越多的高校毕业生就业信心不足，培养就业信心迫在眉睫，可以从以下几种途径入手。

1. 认识自我树立信心

对于即将就业的大学生来说，正确的评价自我、合理定位有着重要意义。有心理学家研究表明，个人的自我评价越接近实际，产生的心理障碍就越少，适应社会的能力就越强。如果自我效能感低，过分地低估自己，就会在实践中出现焦虑、紧张及自卑等不良心理状态。因此大学生必须进行正确的就业心理调整，学会合理地评价自我、认识自我。

面对就业，大学生除了要客观地分析就业环境外，最主要的是认识自己已经具备的准职业人素质和能力，明确自己未来的发展方向，选择最适合自己的职业岗位。在就业的过程中，当遇到挫折或困境时，要相信自己的能力，敢于面对困难，对自己要有信心，相信自己一定能找到满意的工作。同时对求职的期望不要太高，保持实事求是、知足常乐的心态以便顺利择业。

2. 激励自我增强信心

激励自我就是用一些哲理、榜样的事迹或积极的思维观念来激励自己，同各种不良情绪做斗争，坚信自己的未来是美好的。如果在就业的过程中我们受到了挫折，可以告诉自己不要惊慌失措，不要冲动和急躁，而要冷静思考，寻找对策。在实践中由易到难逐步锻炼自己的胆量来激励自己，增强就业信心，消除自卑感，始终保持一种良好的情绪和状态。

3. 角色转换坚定信心

即将踏上工作岗位的大学生，是由准职业人到职业人的角色转换，必然伴随着角色冲突、角色混乱等问题。因此，大学生在开始自己的职业生涯之前，要对自我、对社会、对即将从事的职业进行深入细致的了解和分析，找出自身不足，提高心理承受力，加强角色认知，做好上岗前的各项准备，顺利地实现角色转换。适应角色阶段的心理调适，重点在于了解职业角色的定义，安心工作，克服心理上的落差感。在这一阶段，应当尽快地从以往的学习生活模式中解脱出来，全身心投入到工作岗位中去。

案例

你的心过门了吗

洞房花烛夜，当新郎兴奋地揭开新娘的盖头，羞答答的新娘正低头看着地上，忽然间掩口而笑，并以手指地："看，看，看老鼠在吃你家的大米。"第二天早上，新郎还在酣睡，新娘起床看到老鼠在吃大米，一声怒喝："该死的老鼠！敢偷吃我家大米！""嗖"的一声一只鞋飞过去，新郎惊醒，不禁莞尔一笑。

此故事告诉我们，即将入职的我们是否也做好了这个准备呢？我们为何选择了这个工作？既已选了这个工作，就得做好心理准备，做好角色的转变。往往新入职的人很容易发现公司的问题，因为旁观者清。问题是我们是用嘲笑、牢骚、指责的方式呢，还是以主人的心态来了解并积极地去改正这些缺点和漏洞，问问自己，我们的心真正地过门了吗？

三、寻找就业机遇

大学生就业季经常有人说某某人的运气好，找到了一个难得的好工作。为什么这样的机遇总会被他人找到呢？其实如今有完善的就业市场，健全的就业体系，在我们每个人的身边，都隐藏着大大小小各种各样的就业机遇，不是他们运气好，只是因为他们善于发现自身周围潜藏的机遇。正如法国雕塑艺术家奥古斯特·罗丹所说："这个世界并不缺少美，只是缺少发现美的眼睛。"

1. 要有机遇意识

机遇是指忽然遇到的好的境遇。有的人认为碰到机遇就是碰到了好运气；有的人却认为机遇是命中注定的东西；还有的人认为只要一直坚持着做某一件事，就一定能碰到机遇。我们周围有些幸运的人可能并不聪明，也没有什么特殊的天赋，但他们总能找到如意的工作，做事心想事成。而且总是在自己有求职需求的时候，心仪的工作就出现了。这是魔法吗？还是背后有什么隐藏的力量？那些能够巧妙获得机遇的人，主要在于他们头脑中潜藏的机遇意识在起作用，要想让机遇垂青于我们，就必须在头脑中有机遇意识。

案例

当作上班来对待

某单位招聘总经理助理，在长达三天的考试后，最终有四位应聘者进入面试，四个人在总经理看来都很优秀，最后一场面试由总经理亲自把关，四位应聘者进了总经理办公室，刚刚坐下，就碰上“停电”，总经理于是笑着对应聘者说：“停电了，空调也关了，你能不能说个笑话给大家解解闷。”三位应聘者不知其中有诈，均拿出自己的看家本事，说出了自己认为最好笑的笑话，只有一位应聘者没有按照总经理的话去做，而是拿起总经理办公室的电话找公司的电工，询问发生了什么事，结果这位应聘者被录用了。

总经理助理对于总经理来说有如左右手，称职的助理将使总经理如虎添翼。衡量一个助理是否称职有两个标准，一是看他是否知道哪些事情应该去做、哪些事情不应该去做，也就是说既不能越权，又要做好分内的工作，作为一个总经理助理应该解决该解决的问题。第四位应聘者显然头脑中时刻有着机遇意识，并把这个事情当作上班来对待，最终赢得了属于他的机遇。

2. 主动寻求

选择职业，是每个高校毕业生必须经历的过程，既要面对现实，正视市场竞争，又要克服畏惧和依赖心理，变“工作找我”为“我找工作”，提高就业的主动性和竞争意识。同时研究国家及地方对高校毕业生的相关政策，主动多渠道地寻找就业信息，包括公务员招考、事业单位招考、企业招聘信息、人才招聘专场等，主动寻求，增加就业机遇。

第二节 就业信息的搜集与使用

就业信息对于每一个高校毕业生来说都是十分重要的，掌握了相关的就业信息，就能够在职场上掌握主动，始终处于不败之地。信息的价值会用者则有，不会用者则无。对于毕业生来说，一条有用的就业信息，就是一个就业的机遇，那如何搜集和处理就业信息呢？

一、就业信息的搜集

就业信息在毕业生求职过程中是求职准备的重要基础，是通向用人单位的桥梁，也是就业选择的重要依据，更是顺利就业的可靠保证。毕业生通过正确的就业途径，准确快速搜集到与自身相匹配的就业信息，是高质量就业的重要前提。

1. 就业信息的类型

就业信息主要分为两大类，即宏观信息和微观信息。宏观信息是指国家的政治经济情况，国家或地区社会经济的方针政策规定，国家对毕业生的就业政策与劳动人事制度改革的信息，社会各部门、企业需求情况及未来产业、职业发展趋势和要求，当年毕业生总的供求形势等信息。掌握这类就业信息可以帮助求职者更好地了解当前的就业政策，运用好政策提升就业质量。微观信息是指某些具体的就业信息。包括用人单位人才的需求情况、发展前景、所需要的专业、具体的岗位、要求的条件、能提供的工资及福利待遇等。即将毕业时要注意全面掌握用人单位的信息，避免一些假象，做到对用人单位有个比较客观的评价。掌握这类就业信息可以帮助求职者更好地了解当前市场、了解需求、了解自我，从而帮助求职者增加就业机会。

2. 就业信息搜集的内容

搜集就业信息应包括以下几个方面：

➢ 准确的单位全称、性质及隶属关系。

➢ 单位发展历史与前景。

➢ 组织结构、规模与行政结构。

➢ 经营业务范围、类别及产品内容。

➢用人理念、文化氛围。

➢地理位置、交通状况。

➢薪酬福利体系、职业回报与发展通道。

➢职位要求及应聘职位的工作职责。

➢往年招聘情况、流程、题目。

➢联系人及联系方式。

3. 就业信息搜集的渠道

（1）高校就业指导部门。高校就业指导部门主要工作职责是对毕业生进行就业政策咨询、就业、创业工作指导、提供就业信息、邀请用人单位到校举办校园宣讲会及现场招聘会等，能及时地传递国家及地方政府各类与毕业生有关的就业信息，同时还掌握很多用人单位的资料和社会需求。同时部分用人单位和高校存在着长期合作且稳定可靠的供需关系。毕业生从各高校就业指导部门获得的信息针对性较强，信息可靠且有时效性。此外，学生们可通过本校就业指导中心了解本年度当地就业的动态变化及各种就业信息的资料。

（2）大众传播媒介。网络、电视、报纸、杂志、广播等各种媒体都会以定期或不定期的形式提供人才供求信息，求职者以此可以掌握人才需求的动态，了解到用人单位的工作性质、所需人才的条件和工作待遇等。随着互联网的发展，网络求职已经成为毕业生求职的主要渠道和方式之一。众多网站都包含一定的就业信息，主要包括专业求职网站、用人单位网站和门户网站等，这些都是毕业生搜集需求信息的有效渠道。这些渠道普遍具有受众面宽、传播速度快、形式活泼多样和信息传递量大等特点。大学生在搜集就业信息时应学会甄别，尽量少看街头的小报或免费的招聘广告，以免上当受骗。

（3）招聘会。各地各类人才市场是求职就业发展最早的地方，如今均比较成熟，定期组织招聘会，每年毕业季或春节后会举行大型的招聘会，各高校在毕业季也会组织大型校园招聘会，招聘会面向对象广泛，可以现场了解更多信息，信息比较集中，可选择性较广。此类渠道提供的就业信息量较大，应认真筛选找准目标，选择适合自己的岗位。

（4）校企合作单位。在转型发展、产教整合的背景下，越来越多的高校都进行了校企合作人才培养的教育模式，在与其专业相通的单位建立了教学实习实训基地，这些教学实习实训基地和校企合作单位每年都会接收或安排大量毕业生进行实习实训，并在实习实训人员中寻找适合本单位发展的优秀毕业生。这些实习实训基地，校企合作单位不仅为毕业生提供了对口的实习与实训机会，还为毕业生提供了大量的就业机会。

（5）人才中介机构。各地的中介机构类型五花八门，普遍收费高、投诉多、成功率低。在选择中介时要特别注意，选择口碑好信誉度高的中介机构，避免黑机构的虚假信息，防止上当受骗。

（6）利用社会各种关系。对于还未走出校门的在校生而言，个人的接触面总是有限的，应拓宽社交范围以获取更多有价值的信息。亲戚、朋友、老乡、同学等人统称为“人脉关系”，是最直接的社交关系。由于这种特殊关系，在帮助毕业生了解就业信息和推荐就业时会更加热情、主动，是毕业生获取就业信息的主要渠道之一。

4. 就业信息搜集的方法

（1）全面搜集。是把与自己就业目标相关联的就业信息统统搜集起来，再按一定的标准整理、筛选，以备使用。

（2）定向搜集。按照未来的就业方向和求职的行业范围来搜集相关的信息，当自己的职业方向和求职范围设定的过于狭窄时，使用这种方法可能大大缩小选择余地。

（3）定区域搜集。根据毕业生就业目标的一个或几个区域的就业信息进行搜集。

二、就业信息的分析与利用

1. 就业信息的处理与分析

（1）去“伪”存真。通过各种渠道搜集到的就业信息，信息量较大，首先应该进行的则是筛选出虚假信息、过度浮夸的信息、与自己的就业目标关联度低的信息，这些信息的参考价值较低。

➢ 注意网站的识别（.gov，.edu，.com，.org），尽量不使用非门户网站、非就业网站等不正规网站的信息。

➢ 注意广告刊登次数。

➢ 理智看待高薪高职。

➢ 仔细核查招聘信息。

（2）掌握重点。在搜集的所有信息中，按照自己的标准、能力和兴趣进行比对、分类、排序，应把重点信息选出、标明并做备注后进行留存，一般信息则仅作参考。根据图 6－1 工作划分四象限的原则来确定重点，某一个象限的信息还可以再一次进行排序。

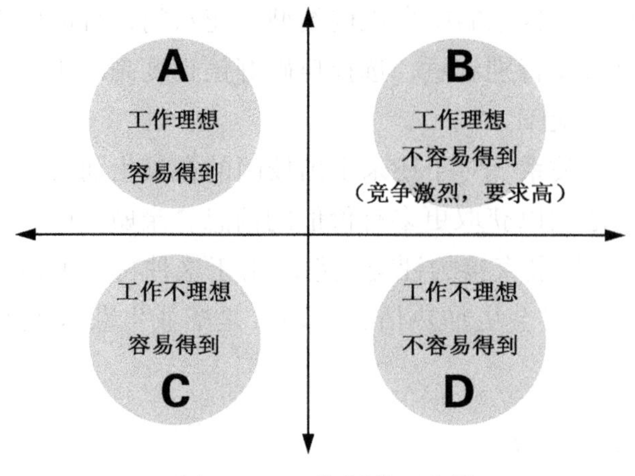

图 6-1　工作划分四象限

（3）善于挖掘。对于重要的信息要善于挖掘，挖掘信息背后的内容，了解透彻，不能一知半解。要全面掌握情况，全面了解信息的中心内容。

➢分析用人单位的行业属性。

➢分析意向行业排名前 10 或前 20 的单位。

➢分析学校就业网站往年招聘信息和宣讲会信息，了解哪些单位钟情于本校毕业生，经常来校招聘宣讲，一般何时前来。

➢寻找在意向单位中就职的学长学姐获取更多用人单位信息。

➢做横向与纵向的交叉定位，选定求职行业与职位的最大阈值。

➢结合自己的实力去匹配行业里对应等级的单位。

（4）避免盲从。获取用人信息以后，不能一味地认可盲从，那种认为亲友告诉我们的信息一定可靠、报刊上传播的信息肯定没问题的想法是不可取的。绝不要未经筛选就轻率地做出选择，这样往往会错过良机或耽误自身时间。

（5）适合自己。一切信息都要用来对照自己来衡量一下，看是否适合，千万不要好高骛远，挑选不适合自己的工作岗位。

2. 就业信息的使用

毕业生通过整理分析确定了适合自身的就业信息后，只有充分利用这些就业信息，并帮助自己顺利完成就业过程，才算达到了最终的目的，一般说来，有以下几种运用信息的途径：

（1）及时运用有价值的信息去选择适合于自己的工作。每个人都要善于应用信息，根据职业的要求与自己具备的条件，两相对照以后，选择适合于自己的最佳岗位。这是搜集和筛选信息的最终目的。

（2）根据筛选出来的就业信息要求发现自己的不足，调节自己的知识、技能结构，提高自己的工作能力；弥补自己的不足。如发现自己哪方面的课程、知识不足，就主动去学习，或发现自己哪方面的技能欠缺，就赶快参加必要的训练，主动学习和掌握相应的技能。

（3）及时输出对他人有用的信息。有些信息对自己不一定有用，但对他人也许十分有用，遇到这种情况，千万不要抓住这些信息不放手。迟迟不输出对他人有效的信息，这是一种极大的浪费，也是一种不良心理的表现，是不可取的。其实，我们能主动输出对他人有用的信息，不仅是对他人的帮助，而且他人的顺利就业自然也使我们减少了一个竞争者。同时，这样做还增加了从别人手中获得对自己十分有用信息的机会，以及增进了人际关系。

（4）需求信息选定后主动与用人单位联系。联系主要负责人，询问应试的方式、时间、地点和要求，并准备好一套自己完整的求职材料，及时提交，使需求信息尽早变成供需双方深度沟通的重要桥梁。

第三节　搜集整理用人单位信息

一、招聘网站的信息搜集

1. 确定自己的就业目标

具体岗位 3～5 个、就业区域、企业性质、企业规模、期望薪资。

2. 根据就业目标搜集就业信息

在如图 6-2 所示的常用的招聘网站进行就业信息的搜集。

热门招聘	智联招聘	前程无忧	58 58同城
赶集网招聘	猎聘网	中华英才网	卓博人才网
智通人才网	BOSS直聘	大街网	中国人才热线
应届生求职网	残疾人就业	拉勾网	百姓网招聘

图 6-2　常用的招聘网站

https：//www.yjbys.com　应届毕业生网
https：//www.lagou.com　拉勾网
https：//www.chinahr.com　中华英才网
https：//www.zhaopin.com 智联招聘网
https：//www.51job.com　前程无忧网
https：//www.58.com　58 同城网

二、信息整理

利用招聘网站或已知的就业信息完成表 6-1、表 6-2 进行就业信息的整理。

表 6-1　个人就业信息管理表

搜集时间	单位全称	单位性质	职位名称及人数	所在地或网址	联系部门和联系人	联系电话	E-mail	备注

单位性质一般分为机关单位、事业单位、企业（国家行政企业、公私合作企业、中外合资企业、外资企业、私营企业、集体企业、国防军事企业）、社会组织机构、国际组织机构。

表 6-2　用人单位基本情况表

单位全称：____________　所有制性质：________　所在地：____________

总体概况	经营范围	经济状况	福利待遇	发展前景	备注
（隶属关系、历史沿革、规模等）					

所有制性质可填：股份有限公司、有限责任公司、合伙企业、独资企业、中外合资、中外合作、个体工商户。

本章总结

1. 根据自己的就业方向、个人能力、市场需求制定合理的就业目标。
2. 充分地认识自己、激励自我及角色的转变来培养就业信心。
3. 要有机遇意识，主动寻找自己的就业机遇。
4. 就业信息的内容、搜集渠道和搜集方法。
5. 就业信息的整理与使用。

本章的内容学到这里，请在下面写下自己的学习和训练体会，帮助自己进一步提高。

____

____

____

____

本章习题

1. 列出自己主要的优缺点进行自我分析，并确定合适自己的就业目标。

2. 利用主流的招聘网站搜索 5 家企业与大数据相关的工作岗位招聘信息，并完成下列表格。

单位全称	单位性质	职位名称、人数	岗位要求	所在地或网址	工资待遇	联系人及电话	E-mail	备注

第七章 求职简历撰写

本章重点

◎个人简历的基本组成

◎撰写简历的注意事项

◎简历的投递

本章难点

◎了解求职简历的基本构成

◎明确求职简历各组成部分的注意事项

◎了解几种常见的简历模板并掌握模板使用方法

◎理解简历的基本格式和注意事项

◎掌握并熟练运用简历优化方法

◎掌握并熟练运用简历投递技巧

写好一份简历是求职的关键，对于公司方面来说，在没有看到本人的情况下，简历实际上就是第一筛选关。每个有过求职经历的人对简历都不陌生。不同的简历投递出去的效果截然不同。有些人明明背景很好，经历丰富，但简历却让人提不起兴趣；有些人尽管没有名校背景，也没有世界500强企业的工作经历，却总能在简历筛选上脱颖而出。大部分简历投出去就石沉大海，但也有人享受着“选哪个Offer”的幸福的苦恼之中。

本章主要讲解个人简历的基本组成、如何撰写一份优秀的简历以及简历撰写与投递的注意事项。要求学生了解简历的构成、掌握撰写简历的基本原则、方法和技巧，并在课程结束时撰写好一份合格的简历，能够顺利有效地投递自己的简历。

第一节 个人简历的基本组成

一、个人基本情况

主要包括：姓名、性别、年龄（出生年月）、籍贯、民族、学历、专业、联系电话、电子邮箱及个人照片等内容。简历提供过多的个人信息，一方面，会因大量的简历投递而向无关透露自己的隐私，造成安全隐患；另一方面，太多的个人信息并不会引起HR过多地关注，有时反而会使其产生反感。

首先，名字要放在简历最显眼的位置。名字就是个人的“品牌商标”，是区分不同简历最简短、有效的标识，将名字放在左上角而且采用字体加粗，将给人留下很深刻的印象。

联系方式应填写我们的即时联系方式，并做到详尽、清楚，使企业能够第一时间与我们取得联系。切忌频繁更换手机号、E-mail，以避免错过面试机会。

个人照片应该着正装，发型和表情要显得精神、干练，照片为纯色背景，尤以白色为佳。照片采用粘贴的方式要比打印效果好，除非与应聘职位有关，尽可能不要贴艺术照或生活照。

二、求职意向

如果说我们把简历当作一个人的话，那么在简历中的求职意向就是我们的目标了，是求职简历的核心内容。那么个人简历中的求职意向怎么写呢？

求职意向是我们向企业HR传递我们希望获取什么职位的一种信心，所以说我们可以根据自己的爱好和能力，对于以后的职业进行规划，明确自己以后要从事的职业。应尽可能明确和集中，在填写求职意向时一定要有具体的职位，切忌空泛。

求职意向一定要符合我们的简历才可以，要求与我们要应聘的岗位要求相一致，在简历中要体现出自己可以胜任这份工作的具体原因，具备哪些优势，比如专业对口、具有一定的相关工作经验、拥有这方面能力的证书等。

最后，一份求职简历只能有一个求职意向，如果说我们的目标很多的话，那么一定要分别写不同的简历，每份简历都要有对这个职业非常强的针对性才可以，然后把它的重点突出来，充分展示出我们对用人单位的重视程度，可以让我们获得工作的概率大大增加。

三、教育背景

教育背景包括学历教育背景和培训教育背景两部分。一般来说，如果我们的工作经验有限，那么教育背景的内容应该放在简历最开始的部分；如果我们的工作经验和成就能够占据优势，那么教育背景应该放在简历之末，因为在未来雇主眼中，我们所积累的经验、技能及成就的分量远超我们的教育背景。

教育背景对于应届毕业生来说是非常重要的信息，时间要采用倒序，最近最高的学历要放在最前面。一般来说，大学以前的高中阶段、初中阶段经历可以忽略不写。教育背景中也可以写相关课程，但不要为了拼凑篇幅，把所有的课程一股脑儿地都写上。只列出一些我们学习过的重要课程，表现出我们的资历适合。

对于一些毕业生在校可能参加过一些相关技能的培训，这些培训经历也应该写到简历中，如图 7-1 所示 。

教育背景示例（一）

2015. 9—2018. 6　北京大学　人力资源管理　硕士研究生　硕士学位

2011. 9—2015. 7　北京大学　工商管理　大学本科　学士学位

教育背景示例（二）

2018 年 3 月至 7 月，在山东省经济管理干部学院接受脱产培训。课程包括：企业管理学、市场营销、国际商法等。

图 7-1　教育背景示例

四、工作经历、项目经历、实践经历

个人简历是让企业 HR 了解自己的第一个关键点，一份好的个人简历应该能让 HR 清楚地了解求职者的个人基本信息、教育经历、工作经历等。个人简历中为了突显自己的优势，除了工作经历外，一般会单独列出项目经历，对于应届毕业生来讲，也可单独列出在校期间的实践经历。

1. 工作经历

工作经历是指应聘者的所有工作历史，无论是有偿的还是无偿的，全职的还是兼职的。工作经历是企业选拔招聘人员的主要参考要素之一。工作经历所包含的内容如表 7-1 所示。

表 7-1　工作经历撰写要求

	包含内容	具体要求
工作经历	工作年限	是企业判定一个应聘者是否具备岗位资格的重要条件之一；如果是应届生，就应该写上与应聘职位相关的实习、实践经验来填充这部分的空白
	工作时间段	即在一家公司工作的开始与结束时间，企业不太认可频繁跳槽的求职者，3～5 年是在一家企业的最佳工作时间
	工作单位	工作单位一定要写全称，写好工作单位有利于 HR 对简历的筛选
	担任职务与主要业绩	详细罗列在该职务下我们所做的工作及项目，项目经验可专门单独介绍；在说明自己的业绩时，最好是用数字来表达，显得直观明白，同时具有较强的说服力

2. 项目经历

项目经历一般是求职者某个方面的实际动手能力、对某个领域或某种技能的掌握程度。一般在应聘 IT 类、研究所研究员或者高校老师等职位时，项目经历的描述是比较重要的。主要包括以下内容：项目的介绍、项目运用了什么技术、我们在项目中的职责，如表 7-2 所示。

表 7-2　项目经历书写范本

项目经历
2016.08—2016.11　大数据处理平台 Linkoop2.0 自动化测试工具开发（3 个月）
软件环境：基于 Ambari2.4-HDP2.5 的 Hadoop 集群环境，Spark1.6
开发工具：IntelliJ IDEA Community Edition 2016.2.2
责任描述：从项目的开始到结束全程参与，其中主要负责结合 RESTAPI 接口完成对 POST 提交的测试用例在页面上创建的流程以 Json 做详细对比校验；负责对测试结果的获取，以 Json 文件的格式返回和预期结果比对，负责对公司生成的安装包进行在集群中自动化升级安装工具的编写
项目描述：该项目主要有 5 个人负责，实现对公司每天晚上定时打包生成的测试版本，对其 200 多个测试用例的自动提交，监控记录每个测试用例的运行状态、运行结果，获取运行结果和预测结果进行比对，生成最终测试报告
2016.05—2016.07 “互联网＋”大学生创新创业大赛～“全民公益”Android 手机 App 开发（2 个月）
软件环境：Andriod 系统
开发工具：adt-bundle-windows-x86-20130219
责任描述：在团队里面担任软件开发小组组长，负责软件的设计、代码的编写，以及对软件的测试。并自行搭建后台服务器和后台数据库，使得软件有互动效果，能够及时更新数据

续表

项目经历
项目描述：全民公益主要分为三个模块，分别是事项模块，交流区域和个人模块。在事项模块我们可以看到各种经过严格审核的公益事项，并且在已完成的事项中，我们会看到反馈信息，让每一位用户知道自己的爱心奉献到了哪个地方

对于应届生来说，简历中项目一般为论文、毕业课题中的相关研究课题项目。

3. 实践经历

实践经历是大学生毕业必经的过程，它也是我们能力的一个证明。实践经历可以是自己在社会中所参与的一些活动，以及在校期间所参与的学生会工作等。社会实践经历要突出自己的经历与求职工作之间的联系，帮助 HR 更好地了解自己。

实践经历包括的主要内容有：

（1）专、兼职工作。（2）勤工俭学。（3）暑期工。（4）义务工作。（5）学校社团工作。（6）学校课程设计、实习、见习经历等。

在编写工作经历、项目经历、实践经历时要注意写作的顺序，有些人的经历有很多，一般来说在个人简历上默认的是排在第一位的是最为重要的一项。那么在写工作经历、项目经历、实践经历的时候要将与求职意向有关的经历写在前面。

五、自我评价

自我介绍部分是用最短的时间、最直接简要的方式告诉 HR，我们的价值与他的需求是匹配的。可采用“总结＋成果＋能力＋性格”的公式来写，一定要写成独一无二、可以体现自己优势的，如果写成任何人都可以用的评价，就没有意义了。

可以是，总结几年工作经验，涉及什么行业，待过什么类型的公司，岗位发展情况等；成果方面有没有突出的成果，对公司业务的贡献；能力性格上有什么优势；沟通能力、表达能力、学习能力怎么样等，如图 7-2 所示。

总结：大学期间在 2 家互联网公司（×× 和 ××）实习，负责新媒体运营，可以独立完成工作。

成果：撰写的推文被 ×× 家账号转载，3 个月实习期间，公司账号涨粉 30%。

能力：熟悉新媒体运营技巧及工具，具备文案策划撰写及数据分析能力；英语表达流利，可以自由交流。

性格：具备良好的协作能力和沟通能力，可以适应高强度的工作。

图 7-2 某应届毕业生“自我评价”书写模板

六、其他获奖荣誉、技能证书及兴趣爱好

如果求职者在校内获得过奖学金，参加过某某大赛并取得不错的名次，可以把相关的成绩、名次、结果写出来，简洁明了就好。

技能证书包括外语水平、计算机证书、各项认证考试证书、培训证书、从业资格证书等，只要与应聘岗位密切相关的，都可以在简历中重点写出。

兴趣爱好在一定程度上能反映求职者的个性、心态等，兴趣丰富一般也被认为是能力强的表现，可以在简历中稍加修饰润色后展示出来。

第二节　简历范本

一、简历范本含义和主要内容

指用来供制作个人简历参考的模板或者范文，包括了编辑一份简历的基本结构。一份标准的简历模板的结构包括基本资料、教育经历、工作经历（实习经历）、自我评价等模块的内容。

用人单位 HR 一天多的话会收到成千上万份的简历，看一份简历的时间一般只用几十秒。简历模板的作用是恰如其分地表达出我们的核心竞争力。所以简历模板必须选择简洁大方且言之有物，模板必须包含各重要基本要素信息，让人力资源部门能在极短的几十秒钟内对我们有一个基本印象。

主要内容：基本信息、自我评价、教育经历、工作经历、自我评价。

以上内容是固定的版块，此外还可以增加照片、核心技能、项目经验等内容。

二、简历范本推荐

简历范本的选择原则：避免过于花哨，美观，便于 HR 查找核心关键词，形式为内容服务。建议大家在简历中适当用一些图标、线条、彩色字体、加粗等来区分模块，突出重点。

招聘人员筛选简历时，只是扫描式地瞟一眼而已。所以求职者简历篇幅要精短，要让HR在几秒钟内看完重要内容。一般情况下，应届生的简历以1页A4纸为限。

常见的简历类型：

（1）时间型简历。它强调的是求职者的工作经历，大多数应届毕业生都没有参加过工作，更谈不上工作经历了。所以，这种类型的简历不适合毕业生使用。

（2）功能型简历。它强调的是求职者的能力和特长，不注重工作经历，因此对应届毕业生来说是比较理想的简历类型。

（3）专业型简历。它强调的是求职者的专业、技术技能，也比较适用于应届毕业生，尤其是申请那些对技术水平和专业能力要求比较高的职位，这种简历最为合适。

（4）业绩型简历。它强调的是求职者在以前工作中取得过什么成就、业绩，对于没有工作经历的应届毕业生来说，这种类型不适合。

（5）创意型简历。它强调的是与众不同的个性和标新立异，目的是表现求职者的创造力和想象力。它适合于广告策划、文案、美术设计、从事方向性研究的研发人员等职位。

许多招聘网站的简历都是可以导出的。比如智联、51job、拉勾网等，这种简历模板最正规、最合格，对于应届毕业生来讲，简历没必要太炫，遵循简洁大方的原则即可。

以下列举两种常见的应届毕业生简历模板：

1. 文字式简历模板

文字式简历要求简洁明了、逻辑清晰、突出重点和语言出众，如图 7-3 所示。

李超越 求职意向：JAVA 开发工程师及相关工作

出生年月	1996.11.20	**民　族**	汉	照片
电　话	13333333333	**政治面貌**	共青团员	
邮　箱	1888888888@126.com	**毕业院校**	山东财经大学	
住　址	山东省济南市	**学　历**	本科	

教育背景

2015.09—至今　　山东财经大学　　计算机科学与技术专业（本科）

大学主修课程: JAVA，JAVAWEB 程序设计，数据库，英语，HTML，计算机网络，软件工程，计算机组成原理

项目经历

JAVA—WEB 项目　　大明湖西餐厅　　小组组长

- **开发环境：** APACHE TOMCAT8.5/ORACLE 10G/WINDOWS10/ECLIPSE8.0。
- **项目描述：** 项目是基于JSP/SERVLET开发的一个网上点餐系统，界面仿造海底捞线下点餐系统，既实现如同海底捞界面之美观，同时添加了网上点餐外卖功能。
- **使用技术：** JSP/SERVLET/ORACLE/AJAX/CSS/HTML/JAVASCRIPT/JQUERY/BOOTSTRAP框架
- **项目总结：** 在项目中担任组长一职，负责团队整体协作工作的同时，还负责餐厅主体前端和后台开发和数据库的设计等工作，把控整个项目的进程。经过此次项目的历练，增加了对ORACLE数据库，工厂设计模式以及 JDBC 的理解，熟练掌握 JSP/SERVLET开发技术，熟练运用 HTML，CSS，AJAX，JAVASCRIPT，JQUERY，BOOTSTRAP 框架进行**响应式页面**开发。

JAVAGUI-ORACLE　　企业人事管理系统　　小组组长

- **开发环境：** ECLIPSE 平台/ORACLE 10G/WINDOWS10/JDK1.6。
- **项目描述：** 轻量级企业人事管理系统，具备较完善的人事调动、奖惩、请假以及精确的工资发放功能，区分管理者和普通员工模块。管理者具有查询、修改、删除员工信息的功能，普通员工具有查询和修改个人资料的功能。
- **使用技术：** JAVA 基础语法/**简单 JAVA 多线程技术**/JAVAGUI/ORACLE增删改查。
- **项目总结：** 利用工具有ECLIPSE，JAVA 语言，ORACLE 数据库，PLSQL，SWING，经过此次项目的磨砺，作为一个组长提高了自己对项目的把控能力，极大的提升了自己写代码的能力，尤其是在业务层的相关逻辑层面具有较深的理解，熟练掌握 **JDBC，ORACLE 数据库，门面设计模式，工厂设计模式，C3P0 连接池和 GUI 界面。**

校园经历

2015.09—2016.06 **信息科学技术学院学生会** **发展联络部部长**

- **成果**：与济南金满地商业街签订赞助合同，包揽本院校运会一切支出。由于合作双方很满意，后期建立长期合作关系。另外筹划我院一年一度大型晚会，并与启航考研培训机构、新东方英语、洋光韩语培训机构以及领舞星城服装租赁公司、金满地商业街建立赞助合作关系，签订合同获得赞助费**一万余元**、物资**五千余元。**
- **获得荣誉**：组织管理本部门获得学院优秀部门称号。

2016.05—2017.05 **众创空间创业基地** **运营主管**

- **成果**：运营本店的日常工作，以及本店与校内创业团队的合作项目，在我们店内共举办18起校园创业团队的分享活动，承接高校校友会的聚会活动等，另外在本店运营方面提出格子铺、每周活动、糕点培训班、生日聚会派对等一系列活动方案，使得本店在校园内人气爆满。
- **收获**：在运营本店过程中，站在一个店长的角度去考虑问题，实实在在体验了自身开店的感受，了解了一个公司或者一个企业想要做好需要哪些过程和经历，为以后自己职场之路积累经验。

获得荣誉

- 阿里巴巴编程规范考核合格证书
- 山东财经大学信息科学技术学院优秀学生干部
- 山东财经大学信息科学技术学院最佳辩手
- 英语四级证书
- 光荣献血证书

职业技能

- 较好地掌握JAVA基础/JAVA WEB开发/HTML/CSS/JS/ORACLE数据库
- 熟悉集合框架/IO流/简单的设计模式
- 熟悉JQUERY/AJAX/BOOTSTRAP/线程池
- 熟悉ECLIPSE/PLSQL/HBUILDER等编辑软件
- 较好地掌握OFFICE办公软件软件

自我评价

自我学习能力强，具有良好的自控能力，工作学习态度谦虚认真，能吃苦耐劳，对自己的工作能容易上手，适应能力强并且对团队精神的理解较深刻，虽有一些完美主义，但依然具有很强的可塑性。

图7-3 文字式简历模板

2. 左右排版式简历模板

推荐大家使用下述左右分栏式简历模板，这是目前比较常见的排版方式，重点突出，美观大方，符合视觉浏览习惯，如图7-4所示。

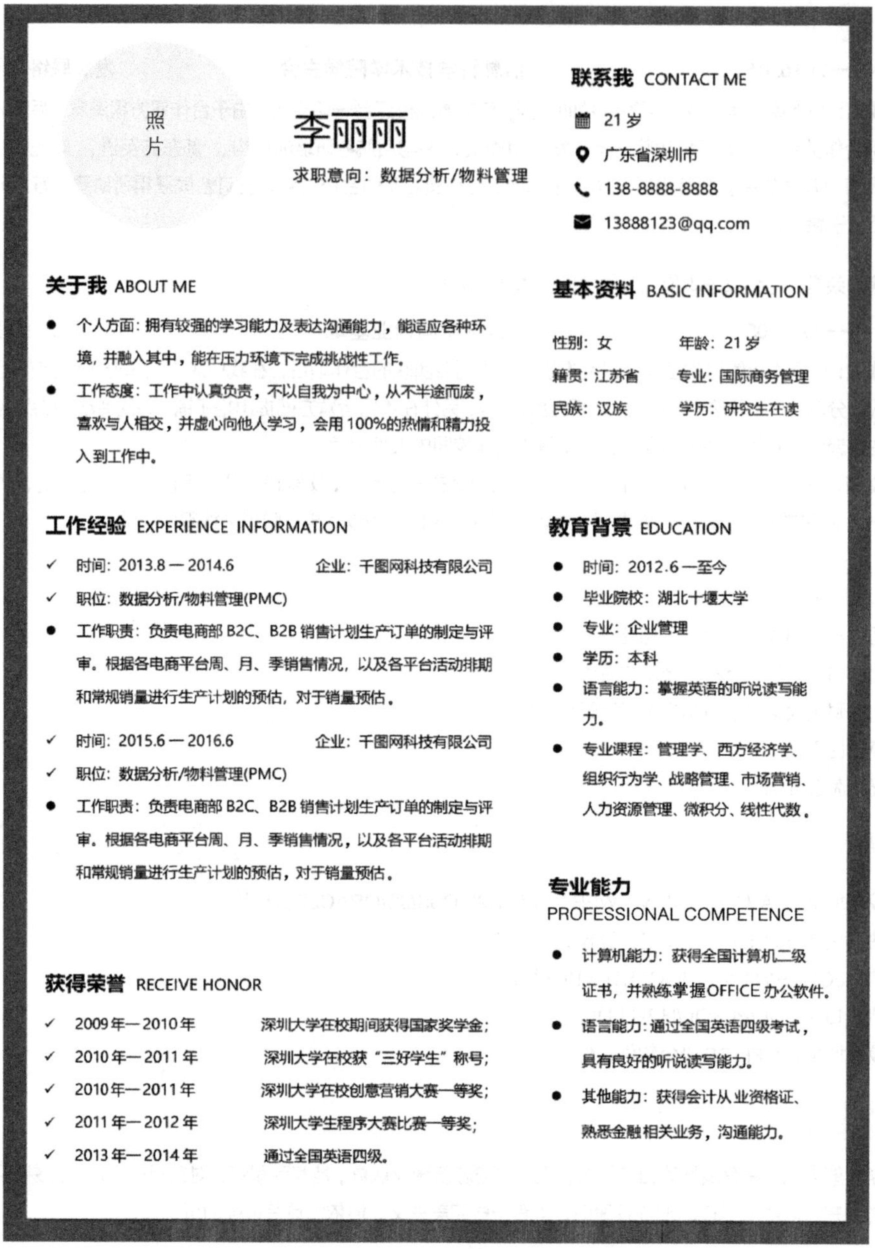

照片

李丽丽

求职意向：数据分析/物料管理

联系我 CONTACT ME

21 岁

广东省深圳市

138-8888-8888

13888123@qq.com

关于我 ABOUT ME

- 个人方面：拥有较强的学习能力及表达沟通能力，能适应各种环境，并融入其中，能在压力环境下完成挑战性工作。
- 工作态度：工作中认真负责，不以自我为中心，从不半途而废，喜欢与人相交，并虚心向他人学习，会用100%的热情和精力投入到工作中。

基本资料 BASIC INFORMATION

性别：女　年龄：21 岁

籍贯：江苏省　专业：国际商务管理

民族：汉族　学历：研究生在读

工作经验 EXPERIENCE INFORMATION

✓ 时间：2013.8 — 2014.6　企业：千图网科技有限公司

✓ 职位：数据分析/物料管理(PMC)

- 工作职责：负责电商部 B2C、B2B 销售计划生产订单的制定与评审。根据各电商平台周、月、季销售情况，以及各平台活动排期和常规销量进行生产计划的预估，对于销量预估。

✓ 时间：2015.6 — 2016.6　企业：千图网科技有限公司

✓ 职位：数据分析/物料管理(PMC)

- 工作职责：负责电商部 B2C、B2B 销售计划生产订单的制定与评审。根据各电商平台周、月、季销售情况，以及各平台活动排期和常规销量进行生产计划的预估，对于销量预估。

教育背景 EDUCATION

- 时间：2012.6 —至今
- 毕业院校：湖北十堰大学
- 专业：企业管理
- 学历：本科
- 语言能力：掌握英语的听说读写能力。
- 专业课程：管理学、西方经济学、组织行为学、战略管理、市场营销、人力资源管理、微积分、线性代数。

获得荣誉 RECEIVE HONOR

✓ 2009 年— 2010 年　深圳大学在校期间获得国家奖学金；

✓ 2010 年— 2011 年　深圳大学在校获“三好学生”称号；

✓ 2010 年— 2011 年　深圳大学在校创意营销大赛一等奖；

✓ 2011 年— 2012 年　深圳大学生程序大赛比赛一等奖；

✓ 2013 年— 2014 年　通过全国英语四级。

专业能力
PROFESSIONAL COMPETENCE

- 计算机能力：获得全国计算机二级证书，并熟练掌握OFFICE 办公软件。
- 语言能力：通过全国英语四级考试，具有良好的听说读写能力。
- 其他能力：获得会计从业资格证、熟悉金融相关业务，沟通能力。

图 7－4　左右排版式简历模板

其实，在 Office 的自带模板当中，是有最基础的简历模板的，我们打开 Word，搜索“简历”，找到适合自己的简历，选择【新建】，再对里面的内容进行修改就可以啦！如果 Office 自带的基础模板不能够满足我们的要求的话，微软官方还为我们提供了更多的在线模板，与 Office Plus 相比之下，这里选择更多，质量更好。

除此之外，还有许多非常方便的在线简历制作网站。五百丁、简历本、乔布简历、千图网、个人简历模板网等收费网站为求职者个性定制。

第三节 撰写简历的注意事项

个人简历是呈献给所中意的用人单位的敲门砖，一份出色的个人简历能给用人单位的 HR 留下很好的初步印象，因此对于简历的撰写千万马虎不得，下面介绍关于求职简历撰写的注意事项，希望大家不在这个看似简单的事情上丢分。

一、简历的格式

一般常用的简历格式有 4 种。

时序型：按时间倒序顺序描述我们的工作、学习和培训经历，从我们最近的职位开始，然后回溯，着重强调责任和突出成就。

功能型：在简历的开始部分就强调我们特殊的成就和非凡的资质，但是并不将它们与特定的雇主联系在一起。当我们正在改变职业，或者有就业记录空白，或者其他不宜使用时序型格式的情况时，就使用这种格式。

综合型：同时借鉴和综合了功能型格式和时序型格式的优点，是一种强有力的写作格式。在简历的开始部分介绍我们的价值、资信和资质（功能部分）。随后的工作经历部分提供了支持性的内容（时序部分）。

履历型：使用者绝大多数是专业技术人员或者是那些应聘的职位仅仅需要罗列出能够表现求职者价值的资信。例如演员、歌手或音乐家、外科医生、以及律师或注册会计师可以使用这种类型。

二、简历的优化

简历优化是帮助求职者在已有的简历基础上，根据自身的实际情况给予对应的优化，让简历变得更加具有竞争力。针对性的简历优化能够帮助求职者更好地认识并总结自己的竞争力，快速找到适合自己的好工作。常见的简历优化方法通常有以下几点：

简历版面与篇幅。不建议使用简历封面；简历字体中文可用宋体，英文用 Times New Roman，不要使用乱七八糟的字体；行间距可选用 20 磅，另外要保证句子通顺，标点符号准确，无错别字；简历篇幅要精短，只要一张纸，要让 HR 能在几秒钟内看完重要内容。

1. 简历标题

简历标题无需用“个人简历”“简历”或者“Resume”，直接用自己的姓名做标题，底部附上联系方式。（简历文档的命名规则：不要写“简历”或者“我的简历”字样，要把个人和投递岗位对应起来，用“姓名＋岗位”格式命名）

2. 条理性

整篇简历一般包括个人信息、教育经历、实习和工作经历、获奖情况及自我评价等几个方面，其他根据招聘要求决定是否要写在简历中，注意多使用条条罗列的方式；另外，当HR看到一份简历时，最吸引他眼球的就是照片，建议求职者在简历上附上精心准备的职业照，用活力和朝气吸引HR。

3. 真实性

这是书写简历的原则问题，尤其是个人信息、教育经历和工作履历方面一定要如实填写，因为有些用人单位是会审核这些方面的内容的，不要因弄虚作假而给自己带来不必要的麻烦，但对于个人爱好或特长方面可适当修饰。

4. 文件格式、大小

简历尽可能采用PDF的格式保存。PDF格式通用，所有设备都能打开。对方打开看到的文件排版，就是我们做好的样子。而Word文件经常因为版本兼容的问题，打开之后格式错乱、字体变形。简历、作品等附件的大小控制在2M以内。

5. 突出重点、适度隐瞒

提及弱项，尽量模糊；提及强项，着力渲染。很多单位在筛选简历时，是参照硬件标准来进行的，如专业、学历、工作年限、年龄等。当我们不符合要求时，可以省略不写，或者提供模棱两可的信息，对方吃不准我们的实际情况，但同时又被我们的其他长项所吸引，就不会过早淘汰我们。

对自己的强项要突出渲染，来抓住用人单位的目光。如果教育背景不过关，就要拼命强调工作经验或与之相关的技能。尽量将自己的经验具体化、数字化。应届毕业生可以把和应聘职位相关的实习经验罗列出来，如果掌握某种和工作直接有关的知识或技能，也要尽可能写得详细一些，并表明我们将如何把这些知识技能运用于工作。

第四节　简历的投递

关于求职的流程，很多人的重心都是放在简历撰写以及面试的准备上，而忽略了简历投递的这一个环节，在一些人看来，所谓的投递简历不过就是将自己已经写好的简历在网上直接发给那一些正在招聘的企业而已，其实这样的理解并不正确。投递简历应该是更偏重于技巧性的环节，里面有很多窍门和需要注意的细节，如果能有意识地做一些准备和调整，可以有效地提高求职者获得面试的机会。

所以，在这个问题上，需要求职者引起高度重视，有意识地去掌握一些实用的简历投递技巧，了解投递过程中需要注意的细节，这样才不至于由于自己的疏忽大意，而丧失更多的工作岗位面试机会。

简历投递的技巧很多，在此简单介绍一些：

1. 投递方式主要有以下几种

（1）春、秋招的网申。及时关注网申信息，按要求提交资料即可。应届生最常用的就是春、秋招。

（2）日常招聘网站投递。主要渠道为前程无忧、智联招聘、猎聘网、Boss 直聘（即使是找实习工作，也可以在这几大网站中，查找岗位）；次要渠道为企业官网、实习僧等专门招聘实习生的网站。

（3）邮箱投递。一般来说，邮箱投递不是很推荐，当然，想多增加一点机会，也是可以的。最好不要将自己的简历放在附件中发给对方，否则对方还需要额外的一个下载步骤，这会加重他们的工作量。最好的方式就是在邮件的主题部分将我们的简历复制体现出来，让对方能一目了然地了解我们的情况。

2. 投递时间

HR 在查看简历时，简历按照投递时间，倒序出现。所以越晚投的，在越前面。可以在晚上，或者早上 HR 上班之前投递，比如，周一早上 8 点左右。筛选简历，当然会看简历的内容，但当内容相当时，越先看到的简历，机会越大。毕竟 HR 的工作目标，是通过简历，招到合适的人，而不是把所有的简历都看一遍。如果已经有合适的简历了，有时也不会继续往下看了。

3. 投递名称

姓名、岗位、X年经验以及其他一些与招聘需求匹配的亮点都可以直接写在简历名称、邮件名称中。如：夏姑娘－HR经理－7年经验－世界500强、林先生－Java－5年XX上线产品开发经验。

4. 简历投递目标

不可否认，为了增加简历投递的成功率，大家都会广撒网，但是撒了网也要记得网在哪。在投递简历之前，是否有了解过这家公司的性质、公司的业务。这些信息并不是很难获得。先从官网开始，然后在百度或者谷歌再搜索这个公司的业务。现在公司都会有自己的公众号、微博、linkedin，要好好利用这些社交媒体。

5. 简历要及时刷新

目前职场人士的简历投递渠道主要以网络投递为主，在人才招聘网站个人登陆后可更新简历信息，在开始网上投递简历的阶段，求职者应该要经常上网刷新自己的简历，以使简历的位置前移，便于招聘人员能在第一时间看到自己的简历信息。

6. 增加投递渠道

除充分利用各大人才招聘网站之外，猎头公司、人才中介、劳务派遣公司、职业中介等，也是企业招聘人才的重要渠道。

7. 线下招聘会现场或者是面试现场准备的简历，建议手写，增加印象分

本章总结

1. 个人简历材料是求职的敲门砖，写好一份简历是求职的关键。

2. 个人简历的基本构成有：个人基本情况、求职意向、教育背景、工作实践经历。

3. 常见的简历类型有：时间型简历、功能型简历、专业型简历、业绩型简历、创意型简历。

4. 常见的简历模板有表格式简历、文字式简历、左右排版式简历等。推荐应届毕业生使用左右排版式简历。

5. 简历格式的注意事项有：版面、条理性、针对性、篇幅、叙述技巧、真实性、文件格式大小等。

6. 简历优化方法技巧：突出重点，适度隐瞒。

7. 简历投递技巧：投递方式、投递时间、投递名称、简历投递目标、及时刷新简历、增加简历投递渠道、手写简历。

本章的内容学到这里，请在下面写下自己的学习和训练体会，帮助自己进一步提高。

____

____

____

____

____

本章习题

1. 请罗列出简历优化技巧有哪些。

2. 请根据本章学习内容，为你未来的实习、求职工作制作一份个人简历。

第八章 面试技巧

本章重点

◎了解面试的本质

◎学习面试前如何做好准备工作

◎了解面试的不同类型

◎掌握不同类型面试的技巧

本章难点

◎掌握面试不同阶段的技巧

◎掌握电话面试的技巧

◎学习应届生面试常见问题及解答思路

走出大学，走向社会，是应届毕业生人生最重要的转折。面试，就是求职者与HR的近距离接触，也是决定能否求职成功的重要环节。当下，无论是企业单位还是事业单位，都越来越重视面试环节，因为它体现了求职者的综合素养，是用人单位考察求职者的实际能力是否满足其要求的重要依据。因此，面试的难度也就越来越大，除了传统的“一对一”面试、群面等方式，近年来还兴起了结构化面试、无领导小组面试、远程面试等新手段，面对用人单位层出不穷的面试新花样，我们要积极学习面试技巧，不断丰富自己的面试经验，“不打无准备之仗”，在职场面试中做到游刃有余。

本章帮助大家真正理解面试到底是什么，发力点应该在哪里。教会大家面试前如何来做准备。区分近年来常见的面试类型并就不同类型的面试技巧展开详述，最后，为大家提供应届毕业生常见的面试问题及解答思路。希望通过本章的学习，大家可以掌握不同面试的技巧，为将来的就业做好准备！

第一节 面试准备

一、面试的本质

有些求职者对于面试会有些误区，这会影响到我们在面试中的表现，因此，我们先来澄清这些常见的面试误区，了解面试的本质。

面试＝演讲比赛？

很多求职者会把面试看作演讲比赛，一上场就开始滔滔不绝地阐述自己的过往经历，力求在面试中掌握话语权。这种做法是万不可取的，所谓言不在多，达意则明。而且面试的主导者应该是面试官，不是求职者，所以，我们切忌把面试当成演讲比赛。

面试＝选美？

面试前精心打扮自己无可厚非，也是尊重对方的表现，但如果我们想仅仅靠俊俏的脸蛋和精致的妆容拿下一场面试，可能性不大。在面试官的眼中看的是一个人的综合素质是否符合标准，包括礼仪、素养和气质。

面试＝个人展现的舞台？

这种观点有一定的道理，因为我们只有在众多的求职者中表现出色，脱颖而出，才能真正地引起面试官的注意。但切忌喧宾夺主，面试的节奏主导者始终都应该是面试官。

面试的本质就像相亲，是求职者与面试官所代表的用人单位在短时间内互相增进了解、建立信任、互博好感的过程。当然在实际情形中，面试官往往对于求职者有些考核的意味。但相对于笔试而言，面试更注重双方在主观因素方面是否匹配，包括态度、情感、价值观等。

二、面试前的准备

1. 面试前的心理准备

应届毕业生第一次参加面试，紧张和焦虑是不可避免的，因此面试前要调整好自己的心态，以饱满的精神状态应对面试。

（1）克服逢迎心理。

逢迎心理，也称迎合心理。具有这种心理的人特别注重别人对自己的看法，在与别人沟通交流时，往往会刻意地乞求得到对方的好感，甚至不惜为此改变自己的原则。但是要记住，我们的资本是真才实学以及优雅大方的仪表风度，不是逢迎的表情和语言。不失时机地恭维面试官，希望以此来博得面试官的好感，事实证明，在大多数情况下，这种做法会降低面试官对我们的真实素质评价，因此要克服这种心理，在面试时不卑不亢，展现自己真实的一面。

（2）克服羞怯心理。

羞怯心理产生的根本原因在于自信心不足，每个人都会有羞怯心理，只是在不同场合和情境下羞怯程度不同。平时性格比较内向、敏感的同学，在面试时羞怯心理就会偏重一些，这时，他们会非常关注自身的外表与举止，甚至会尽量让自己的每个动作、表情都符合之前所学的规范。这种情况下，势必会造成求职者无法集中精力回答问题，顾此失彼，影响自身能力的发挥，带着遗憾离开现场。因此对于平时比较内向、容易害羞的人来说，提前加强社交能力的训练是很有必要的。

（3）克服自卑心理。

自卑感较强的人往往会觉得自己一无是处，为了不使自己的自尊心受到伤害，甚至会封闭自己，不与外界进行过多的交流。因此，对于这类心理较强的人，面试就像是一道不可逾越的鸿沟，往往很难跨过。他们会在面试过程中习惯性地拿自己与其他求职者甚至是面试官进行比较，而且是拿自己的短处与他人的长处进行对比，越比就越没有信心，自卑心理就越重，陷入一个恶性循环，进而出现脸红、出冷汗、吐字不清、思维混乱等情况，这种情况下，求职者肯定不可能发挥出自己的真实能力水平的。因此，对于这类同学，平时要学会恰当地克服自卑心理，可通过积极的自我暗示、不要盲目对比、加强运动等方法树立自信心，培养积极乐观的心态。

（4）克服侥幸心理。

由于大多数用人单位的面试和笔试不同，并不存在统一的复习资料，且面试官的性格不尽相同，因此有些同学会抱有侥幸心理，期望可以在面试时抽到简单的题目或寄希望于面试官与自己“投缘”，可以网开一面。这种心理活动下，求职者往往不会认真准备面试，这样做显然不会取得好成绩。

总之，我们在面试前要做好充分的准备，调整好自己的心态，克服紧张情绪。面试前深呼吸几次，同时对自己说“我一定能行的，我可以通过面试”等积极语言，也可以有意识地按摩太阳穴、大笑、做鬼脸等身体放松法进行放松。面试时，主动与面试官进行眼神交流，控制答题语速与节奏，发挥自己的最优水平。以一颗平常心去对待面试，做好承受失败的准备。即使暂时失利，也不用太过伤心，须知“条条大路通罗马”，不要灰心，多总结多尝试，要相信“天生我才必有用”。

2. 面试前的细节准备

当我们的简历投递之后，请耐心等待用人单位的通知。要有礼貌地接听不熟悉的电话，可以用“喂，您好！请问哪位？”来开头，因为这可能是通知我们面试的电话，一个礼貌的问候会给 HR 留下非常好的第一印象。接电话时尽量避免在人多嘈杂的地方，以免造成沟通有误，影响重要信息的接收。此外，与笔试一样，面试前一定要注重细节，准备好可能用到的物品，最好提前列出清单，以免遗漏。带好各种证件、证书、佐证材料、笔等以备用人单位的随时审查。时间观念一定要强，提前查好面试地点的交通信息，预留出堵车或其他意外的时间，争取在面试约定时间前 10 分钟左右到场，这样可以适当的休息调整呼吸，并有时间整理思路，为面试做更充分的准备。

3. 面试前的知识准备

求职者需要明白，用人单位招聘的是合适某个岗位的员工，可以说，面试的过程就是向面试官证明我们适合这个岗位的过程。这就要求求职者对用人单位的性质、企业文化、业务范围、公司最近的重大新闻和动作、应聘岗位职务及所需专业知识技能等要有一个全面的了解和分析。这些资料可以通过用人单位的官网、招聘网站等渠道进行搜集并整理。一位资深 HR 曾经说过：“面试时，我们都会问求职者对我们公司了解多少，如果他能很详细地回答出我们公司的历史、现状、主要产品，我们会很高兴，会认为他很重视我们公司，对我们公司也有信心。”

4. 面试前的形象准备

面试时，我们的一举一动都被面试官仔细观察着，包括我们的穿着、谈吐、举止等。要知道，细节决定成败。一般来说，面试时尽量选择偏职业的装扮，穿衣力求端庄大方，切忌惊世骇俗，适当修饰即可。男生可以把头发吹得整齐利落，指甲剪短，衣服烫平，皮鞋擦得干净一些。女生则可以着职业装，适当地化些优雅淡妆，尽量不要浓妆艳抹，不喷过量香水。同时，站、坐、行、走等动作也要显示我们的自信和风度。总之，要给面试官留下自然、大方、得体、干练的印象。

5. 模拟面试

求职者可以向自己的老师或同学求助，请大家一起来一场模拟面试，通过网络搜索或向已就业的学长学姐请教，了解招聘单位可能会问到的问题，招聘人员通过求职者对这些问题的回答给出的意见和建议，求职者需要根据这些意见和建议进行总结以及调整自己的面试策略。求职者需要对一些常见的问题做一些准备，例如自我介绍、薪资要求、优缺点是什么等。

第二节 面试的类型

一、现场面试

现场面试是面试最主流的方式，可以分为结构化面试、无领导小组面试以及面谈面试等类型。

1. 结构化面试

结构化面试是当前事业单位录用人员所采用的主要群面方式之一，也叫标准化面试。顾名思义，结构化面试有着它自身的流程和标准。结构化面试是由多个有代表性的考官组成一个考官小组，按规定的程序，对报考同一职位的考生，始终如一地使用相同的考题进行提问，并按相同的追问原则进行追问；这些试题必须是与工作相关的；考生的表现根据事先确定的标准进行评定；面试的结果采用规范的统计方法记分；面试合格的考生按其分数由高到低的顺序进入考核。

结构化面试如图 8-1 所示，设有考官席，一般有 7 ～ 9 名考官。考官通常都具备较为丰富的人事工作经验，对考生的各项能力判断较为精准。评分时选择计算平均分的方式，尽可能保证面试过程及结果的公平公正。还设有考生席，包含一张桌子，一把椅子，考场布置相对于考生呈半包围型。这样的考场设置使得考生与考官之间界限分明，增加了考场的严肃性，但是同时也加重了考生的紧张感，因此在进

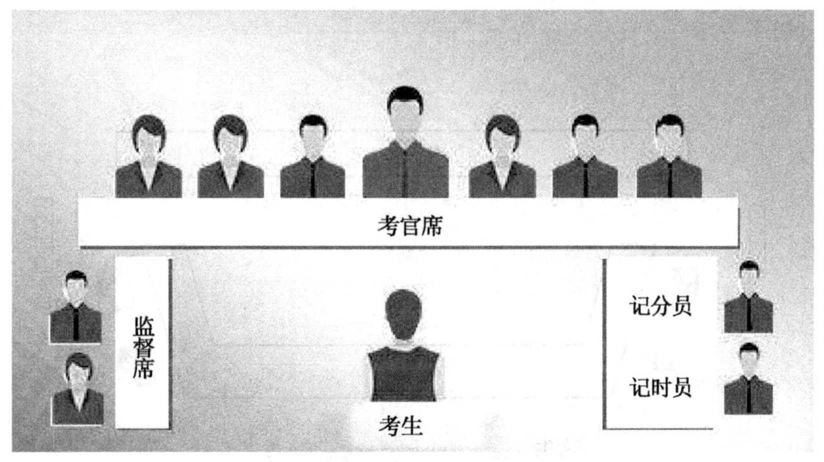

图 8－1 结构化面试现场

入考场之前，有效调节自己的紧张感是考生的第一任务，如进入考场之前通过深呼吸来调节紧张情绪。另外，结构化面试还设有记分员、记时员以及监督席，全方位地保证面试的公平、公正、公开。

结构化面试中提出的问题仅与考生报考的职位要求有关，客观地搜集并评价候选人的信息，尽量避免了由于各种评价误差，如主观印象、第一印象和随机性等结果产生的偏差；结构化面试有较高的有效性，同时成本也较低。实践证明，结构化面试在判断人的态度和行为方面有比较好的效果，增加了面试的可靠性和准确性；结构化面试易于为人们所接受。由于结构化面试让所有的应聘者回答同样的问题，并依据客观的标准对应聘者进行比较，对应聘者的工作能力作出决策，通过比较选择合适的人员，不易造成由于民族或性别而产生的不公平现象，保证以一种不偏不倚、所有应聘者都可以接受的方式进行筛选；结构化面试需要在面试前事先进行工作分析、建立题库、设计评分等程序，这也是其与传统面试的根本区别，同时也使结构化面试工作显得更有条理，更有准备。

2. 无领导小组面试

无领导小组面试是一种采用情境模拟的方式对应聘者进行集体面试的考察方式，考官通过求职者在给定情境下应对危机、处理紧急事件以及与他人的合作状况来判断求职者是否符合岗位需要。无领导小组面试如图 8-2 所示，通过一定数目的考生组成一组（6 ～ 10 人），进行一小时左右的与工作有关问题的讨论，讨论过程中不指定谁是领导，也不指定考生应坐的位置，让考生自行安排组织，评价者来观测考生的组织协调能力、口头表达能力、辩论的说服能力等各方面的能力和素质是否达到拟任岗位的要求，以及自信程度、进取心、情绪稳定性、反应灵活性等个性

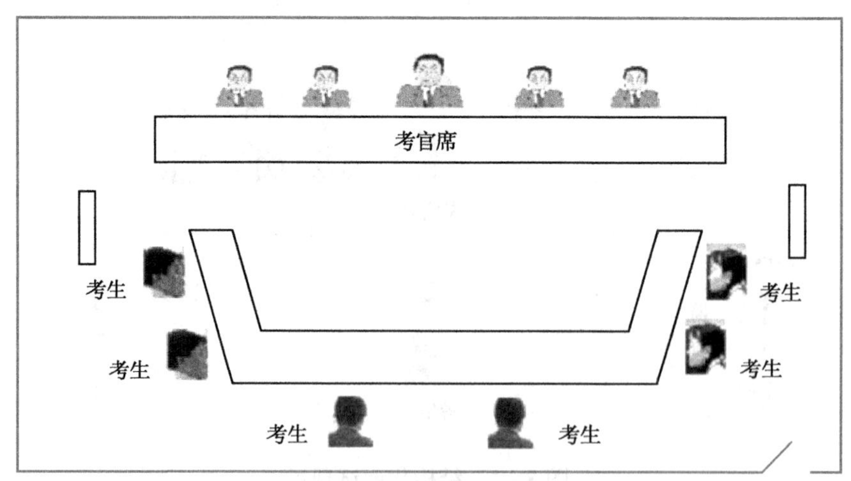

图 8-2　无领导小组面试现场

特点是否符合拟任岗位的团体气氛，由此来综合评价考生之间的差别。这种面试方式也是近年来比较流行的群面方式，多用于企业招考。

3. 面谈面试

面谈面试是绝大多数企业招聘的重要面试方式，也是“一对一”面试的重要形式，如图 8-3 所示。它是一场对话，是面试官和求职者的一个相互了解的过程。面试官需要了解：“你能胜任这份工作吗？你有我们需要的技术和技能吗？你能够和同事们和谐相处吗？”等。而作为求职者，需要了解的是：“我符合他们的用人要求吗？我认同他们的企业文化吗？我想要留在这里工作吗？这份工作符合我的期望吗？”这个过程通常是 HR 直接对应聘者进行面试，主要采用 HR 抛出问题，求职者回答问题的形式。

图 8-3　面谈面试现场

二、远程面试

很多大型企业在招聘时，由于企业知名度高，一个岗位经常会收到许多求职简历，HR 在招聘过程中，为了提高效率，会先对求职者采用远程面试——即电话面试的方式进行摸底，选出他认为合适的候选人。在电话面试的过程中，求职者无法看到面试官的表情，很难猜测其想法，而且还容易受周围环境的干扰。因此电话面试并不轻松，求职者要做好充分的准备。

随着时代的发展，面试的种类也越来越多，像视频面试、半结构化面试等，但无论何种面试方式，作为求职者的我们都应该做好充分的准备，掌握一定的面试技巧，丰富自身的面试经验，才能在求职过程中做到游刃有余，事半功倍。

第三节　面试的技巧

一、结构化面试技巧

结构化面试的流程和方式相对固定，但根据考生报考的职位不同，考官所问的问题也不相同，但无论是何职位，自我介绍都是结构化面试所需解答的第一个问题。通常情况下，考生需要进行一段大约 2 分钟的自我介绍，这个环节考查的是考生的基础表达能力，会给主考官留下一个初步的判断和了解。大多数考生在进行这个环节时，会机械地罗列姓名、年龄、毕业院校、专业、所获得的奖励以及实习经历等内容，这样的自我介绍的确可以让主考官在短时间内对你有一个初步的印象，但过于千篇一律，难以给考官留下深刻的印象。

结构化面试时的自我介绍应该分为正面介绍和侧面介绍两个方面进行。正面介绍时可以说自己的生活、学习、学生工作中所拥有的基本素质、兴趣爱好以及优缺点等内容。例如在介绍基本素质时，可以说自己平时谦虚踏实、沉着冷静、认真细致、服从大局等。兴趣爱好可以通过具体的事例进行说明，例如个人在校期间的学生会、学生社团的工作经历，有哪些收获，以及在实习中的工作经历等。谈到优缺点时切记“优点说个性，缺点说共性”，一定要避免自身人设与岗位设置相冲突的内容，但是也不要将自己说得完美无缺，毕竟人无完人，太过于美好的自我评价会给考官一种不真实的感觉和印象。

二、无领导小组面试技巧

无领导小组面试在某种程度上比结构化面试更能体现一个考生的综合素质，对考生的性格、领导力、团结协作能力、大局观、时间观念有一个非常科学的评价。无领导小组面试给了求职者较大的自由发挥空间，但因为没有固定的标准和答案，因此在无形中增加了面试的难度，对求职者各方面的能力都提出了较高的要求。求职者一定要注意以下几个方面的技巧问题：

1. 自由讨论阶段发言要积极、主动，争取合适的角色

如果有可能，尽量开头说第一句话，例如，开头第一句可以这样说：“各位朋友们，题目我们已经大概了解，因为时间不多，我有这样一个建议，就是我们前

× 分钟进行自我陈述，再用 × 分钟进行讨论，最后 × 分钟进行总结，向考官汇报我们的讨论成果，我也正好带了手表，我给大家计时，不知道大家是否同意，如果同意的话我们就从 1 号开始陈述。”这样的话就会给考官带来逻辑性强、有大局观、有组织协调能力的印象。总之，自由讨论的过程中要积极提出自己的观点，但不必拘泥于一定要当领导者，要知道，适合自己的才是最重要的。

2. 发言要注意说话的技巧，言辞恳切，避免过于冗长

如果需要反驳别人的观点，一定要注意讲话技巧，应以事实为依据，语气切忌过于激烈，应先肯定对方的部分看法，再诚恳地说出自己的见解。

3. 做好记录

其他考生自我陈述或者大家讨论的时候，简单地记录一下其他考生的核心观点，或者自己认为有价值的意见。这样就能形成一个完整的总结，在向考官陈述之前自己所写的记录就是陈述的底稿，我们可以自己做最后陈述，也可以让给语言表达能力更强的考生，这样就显得我们更加的无私。

4. 得到大家认可后方可做总结陈述者

虽然大家认为最后陈述的人会得高分，但这不一定，考官会根据考生整场的表现来定，如果自己表现不好还非要固执地陈述，会给考官带来“自私、强势、霸道”的印象，适得其反。

5. 面试过程中注意仪态，不要失态、失仪

在讨论的过程中适当地加入肢体语言来加重语气也是必要的，但是切记尊重所有的面试人员，给人留下良好的印象。

三、面谈面试的技巧

作为大数据专业的学生，同学们今后更多地会通过企业招聘的面谈面试找到自己心仪的工作，因此，接下来我们将着重为大家介绍一下这种面试方式的技巧及常见问题。

1. 面试的开始部分

在与面试官见面的时候，面部保持微笑，同时自信地与他握手，握手要适当用力，做到温和但坚定。如果面试前有些紧张，除了要深呼吸调整情绪外，还要注意

自己手心是否有汗，如果有的话一定要在握手前擦干，因为握手是面试官与我们的第一次正式接触，非常重要，所以一定要在这个环节给面试官留下良好的第一印象。握手时主动与对方打招呼：“您好，我是 ×××，很高兴见到您，请多多指教。”并在对方示意我们坐下后方可落座。

面试最开始的几分钟，面试官一般会问几个暖场的问题来营造一种比较和谐的面试氛围，在一定程度上消除求职者的紧张感，例如“过来堵不堵车啊？”“今天天气不错，周末有什么安排吗？”等。这个环节可以使求职者在接下来的面试中更加投入。暖场之后，基本就会进入到自我介绍的部分，自我介绍的时间基本上也是面试官仔细阅读求职者简历的时间，因此，在做自我介绍时，切忌背诵简历，应该讲出简历中的亮点。“

举一个简单的例子：

我去年夏天在 ×× 互联网公司市场部实习。实习期间我负责 ×××，×××，××××……在参与编写 ×× 软件的市场推广方案时，我通过数据分析目标客群并提出编写方案，该方案最后落地执行并最终获得了 20 万的新用户。

以上这个自我介绍的例子讲了“我做了什么并获得了什么样的成果”，比用形容词的罗列来表示“我能力强”更有说服力。通过事例简单说明了我们的数据分析能力、文案撰写能力、策划能力、执行能力，但又不讲出具体的细节给 HR 留下后续面试环节深挖经历的空间，如问你的推广方案是什么，你是怎么分析目标客群的……通过上文所说的经历梳理准备好相关的回答，可以让我们在整场面试中的表现非常饱满、自信。如果没有特别亮眼的实习经历也不用担心，可以提炼出自己过往经历中比较特殊的事例让面试官眼前一亮，比如曾经徒步 30 公里、骑行 500 公里等，让面试官知道我们是一个拥有毅力，并且经历相对丰富的人。让对方觉得与这样的人共事显然会有趣得多。

2. 面试的正题部分

一般面试官会很快把话题切入正题部分，这一部分中，面试官可能会就我们在自我介绍时提及的工作或实习经历进行详细提问。在这一环节中，我们要充分展开自己的陈述，就自我介绍环节没有能详细叙述的内容做有力的补充。这是一个证明自己的优势、强调过去辉煌的机会。但是一定要注意，我们是求职者，是考生，面试官才是这场考试的主导者，所以千万不要主导对话，要随着面试官的节奏来走。在回答问题时，不要只是简单地回答“是”或“不是”“知道”或“不知道”。面试官要求我们提出问题的时候，应该围绕“这份工作是否合适我”这个中心点，其他与应聘关系不大的问题，不宜多问。提问的时候，要表现出对公司的真诚兴趣，自然放松，不要害羞，就把它当作普通的聊天。并且提问要直截了当，不要绕圈子。

提出问题之后，要保持安静，让面试官多说话。在这个环节，如果面试官觉得我们前面的表现比较适合这个职位，就会开始考虑我们与这个职位的匹配度，和我们讨论公司和这个职位的具体情况，此时，前期的知识准备就可以派上用场了。整个面试过程中切忌说谎或伪造历史，谎言一旦被揭穿，面临的后果将不堪设想。因此，面试时应实话实说，表现出自己诚信的品质。

3. 面试的结尾部分

面试的结尾部分，面试官有可能会主动告知我们需要多长时间才能收到回复，如果没有明确告知，求职者也可以主动询问，例如："您觉得我适合这个职位吗？""您还需要我的其他什么信息或材料吗？""我什么时候能得到您的回复呢？"等。面试结束，要起身向面试官表示感谢，握手后告别，并将所坐的椅子摆回原位，这些细节的处理都可以为我们加分。

面试结束后一周内，最好打一个电话或发一封邮件，感谢他提供的各种信息，感谢他所花费的时间和精力，这样做不仅仅是出于礼貌，也是良好修养的表现。同时还可以借此机会了解公司对我们的反馈意见。即使面试失败，不妨也问一下原因，虚心地向面试官请教我们有哪些欠缺，以便今后改进，这会有助于我们以后的面试。

案例

材料一

一位女孩儿应聘一个秘书的职位，面试接近尾声，双方都谈得很愉快。面试官最后问了她一个问题："对你来说，现在找一份工作是不是不太容易，或者说你很需要这份工作？"按常理如果她回答："是的，的确如此，所以我很珍惜这次贵公司给的机会。"便可以大功告成。然而这位女孩儿可能为了体现她的不卑不亢，便回答说："我看不见得。"这一句话，使同时在场的人事经理打消了录用她的念头，理由是"此人比较傲慢"。一句话断送了一个工作机会，事后这位女孩儿也表示很后悔。

材料二

史蒂文斯以前是计算机程序员，听说微软公司招聘程序员，他就信心十足地前去应聘。面试时考官问的是关于软件未来发展方向方面的问题，这点他从来没有考虑过，故而惨遭淘汰。史蒂文斯觉得微软公司对软件业的理解令他受益匪浅，就给公司写了一封信表示感谢。这封信后来被送到总裁比尔 · 盖茨的手中。

3 个月后，该职位出现空缺，史蒂文斯收到了微软公司的录用通知书。十几年后，凭着出色的业绩，史蒂文斯当上了微软的副总裁。

四、电话面试的技巧

电话面试短则 5 分钟，长则 20 ～ 30 分钟，长短和结果都取决于面试官对求职者的主观判断，作为求职者，突然接到电话面试，该如何应对呢？

1. 通话场地、时间的选择

接到电话的时间和地点可能是任何时间、任何地点，可能在比较嘈杂的商场、公交车站等，这些地方比较吵闹，不利于信息的沟通。这时，我们可以主动要求另约时间再联系，如说：“对不起，我正在外面，目前的环境比较吵，听不太清楚，您看是否可以半个小时之后我给您回电话呢？”HR 一般都会答应这样的要求。这时，我们一定要留下 HR 的电话，找到一处安静、可以保证听得清双方对话并且可以记录重要信息的合适场地，准备好纸笔，等到约定的时间主动回复电话。

2. 拿着准备好的简历

电话面试的时候，彼此都看不见对方的表情，因此求职者无法通过面试官的反应对面试的细节进行判断，只能凭声音，因此，应聘者在回答问题的时候要冷静干脆，如果有条件，一定要在手中拿着简历，这有利于用肯定的语气回答面试官的问题。拿着简历进行自我介绍既有条理，又不会遗漏要点。

3. 准备电脑、计算器、工具书，还可以准备一杯水

作为大数据专业的同学，不可避免地会被问到一些技术性的问题，如果面试官问到一些技术性的问题，这些工具很有可能可以帮助我们快速、准确、利落地回答问题，能够突出我们的专业能力。而喝水不仅能帮助我们润喉，还是镇静情绪的好方法。

4. 询问面试官的问题

一般来说，面试官在问了一堆问题后，也会反问我们是否有什么需要了解的情况。这时，如果我们不问问题，显得我们并不太关心这个职位。因此，我们可以问下一步的招聘流程、面试时间、岗位期望的上岗时间等常规性问题。但最好不问薪酬，毕竟只是电话面试，还没有到询问薪酬的阶段。

5. 电话面试结束时，要感谢对方

面试结束时，要感谢对方来电，表达希望面试的愿望，可以尝试这么说：“感谢您的来电，谢谢您对我的认可，我希望能有机会与您面谈，您有任何问题请

随时来电话。”如果对方直接约定面试，一定要拿笔记下时间、地点，并重复确认一次，保证准时参加面试。表 8-1 所列为求职者不被录取的部分原因。

表 8-1　求职者不被录取的部分原因

序　号	因　素	后　果
1	喜欢抱怨	单位不安定的因素，没人喜欢牢骚满腹的员工
2	出勤记录不良	表明此人技能不够或做事没有干劲
3	没有目标	不知道自己的兴趣和方向
4	缺乏热情	应聘者缺乏积极性或工作主动性
5	过分的薪资要求	对工资的兴趣远高于对工作本身
6	个人形象不佳	代表对自己或工作不负责任，或没有自信心
7	不成熟	难以承担重大责任或不能处理复杂的工作问题
8	拒绝加班	应聘者不以工作为重，责任感不够
9	夸夸其谈	表明应聘者语言胜于行动，可能能力或执行力欠缺
10	对福利或保险的额外关注	更多地关注公司能为他提供什么，而不是他能贡献什么

第四节　应届生面试常见问题及解答思路

面试是找工作的必经之路，而能否通过面试除了求职者自身的能力外，同时也跟面试过程中的应答表现有关。世界上没有 100% 成功的面试，但是我们可以学习掌握面试中常见问题及应答技巧来提高面试的成功率。下面的一些问题都是应届生在面试时常见的问题，并给出解答思路，希望能帮助同学们酝酿正确回应的最佳方式。

1. 请你简单地介绍一下自己

自我介绍是面试过程中的必考问题。关于此问题的具体回答技巧，请参照本章第三节中“面谈面试的技巧”。

2. 你的优点是什么

回答这个问题的时候，需要注意三点：第一，阐述的优点必须与应聘的职位相关，与职位无关的优点，即使很值得炫耀，也必须舍弃；第二，不要撒谎，所阐述的优点必须是真实存在的；第三，尽量用真实的案例佐证我们的优点，给人以更高的信服度。

3. 你最大的缺点是什么

这是一个不太好回答的问题，偏偏面试官又喜欢问。在回答这个问题的时候，一定不要说出与应聘职位息息相关的缺点，秉承“优点说个性，缺点说共性”的原则，比如应聘技术岗位，可以回答说自己太宅了，不太爱运动等对职位来说无关紧要的缺点，同时，也要表明自己积极改正的态度和决心。

4. 为什么投我们公司

面对这个问题，千万不要回答：“我投了很多家公司，只有你们给我发了面试邀请。”那此次求职基本上也就止步于此了，回答这个问题可以从两方面来说，一方面说一下所了解到的公司情况，表明公司的当前状况和发展前景符合自己的职业规划和定位，另一方面可以说自己的兴趣爱好、性格特征、选择行业的动机等符合公司的这个职位要求。

5. 作为应届毕业生，缺乏经验，你如何能胜任这项工作

这是一个应届毕业生经常遭遇而且难以回答的问题。身为求职者，在回答这个问题时，不要仅仅从未来的角度出发，也要谈一下我们的过去，毕竟面试官需要知道我们曾经做过什么。第一，可以从社会实践、实习经历及生活经历中发掘相关经验，弥补经验不足的缺陷；第二，强调自己的学习能力，对工作的热情和积极、主动的工作态度，同时还要表现出我们的诚恳、机智和敬业；第三，要知道，当面试官问这个问题时，他是非常清楚我们是经验不足的，所以他并不是真的在乎我们的工作经验，而是看我们怎样机智、圆满地回答这个问题，以此来考察我们的应变能力和抗压能力。

6. 你有什么样的职业规划

大部分面试官都喜欢那些职业规划明确的求职者。因此，首先我们需要提前做好有个人特色的职业规划；第二，职业生涯规划要具有一定的可实施性；第三，个人职业目标尽量与公司发展的大方向一致。

7. 你觉得大学生活使你收获了什么

面试官通过这个问题，主要考察求职者的概括能力、逻辑表达能力等，回答这个问题，我们需要做到概括、全面，同时又具有个性。在阐述收获的时候，我们还需要给出有力的证明数据或案例，这样才具有说服力。

8. 你对我们公司了解多少

这个问题基本上也是必考题之一，面试官用这个问题来测试求职者对企业的关注程度和工作意愿等。如前文所述，我们需要在面试前进行知识准备，提前对应聘的公司有所了解，了解得越全面越深入，就越容易回答这个问题。我们可以在面试前通过网络途径搜集企业信息，了解企业的规模、产品范围、组织架构、企业文化、历史、愿景、目标等。如果我们在应聘企业有熟人，那么我们可以通过熟人了解企业的相关情况。我们在回答这个问题的时候，还要表现出对公司的认同和兴趣，表示很乐意在公司工作。

9. 你为什么不去读研，学历很重要啊，以后有没有打算读研

这也是应届生求职经常会遇到的一个问题。求职者在回答这个问题时，最好开诚布公地说明自己的真实想法，体现自己的决策过程。建议求职者在回答时最好表示如果工作需要，再考研。

10. 你在实习期间的收获

通常面试官会问求职者在实习期间的收获。求职者在回答时，可以通过实际项目经验，详细说明项目背景、任务、行动及结果，还有从中得到的经验教训，以及以后怎样运用到工作中避免犯类似的错误等。切忌空谈。

11. 你期望的薪资是多少

关于这个问题，大多数求职者都表示它非常难回答，特别是应届毕业生。这时有以下两个方面需要谨记：

（1）除非对方已做出决定，并表示要雇用我们，否则不要和他们讨论薪水的事。千万不要主动提出我们希望的薪水数目。面试以前，预先对我们想从事的行业、工作性质及该公司的薪资福利等做些研究，知晓自己的价值，计算好我们需要的薪资。面试时，从对方的言谈中尝试了解该职位的薪水是确定的，还是有协商的可能。

（2）如果精明的对方请我们不要拐弯抹角，直接开价就可以了。对这种反应，也有应变的方法，我们可以告诉他们一个薪水幅度。讲求谈判策略，给企业留余地，也给自己留机会。

案例

材料一

旅游专业的张同学毕业后来到一家大型的旅游会展公司面试，在业内人士看来，这是一家非常有名气和实力的公司。在面试中，张同学表现得非常出色，但当面试官问他期望的薪金的时候，他提出了一个较高的薪金要求。担心面试官不能接受，他便强调说："薪金不是最重要的，重要的是我希望能在公司学习、工作。"由于他提出的薪金要求和公司提供给新员工的薪金标准差距较大，面试官明确表示："这样的薪金要求，本公司不能接受，但既然张先生认为薪金不是最重要的，不妨再商讨一个双方都可以接受的金额。"张同学的"缓兵之计"很好地缓和了"谈判局势"，使即将结束的面试得到转机，也使张同学最后求职成功。

材料二

智取工作

阿伟应聘电视台记者职位非常顺利。当有人向他讨教秘诀时，他只说了一个"智"字。下面就让他谈谈当时如何出奇"智"胜的：

笔试已经过关，面试的竞争将更加激烈。因为这次电视台招聘记者的名额只有四个，这就意味着要淘汰 80%的笔试上线者。据说主考官是台长，此前透露风声，要大家做好思想准备，可能提一些意想不到的问题，以考察应聘者机智应变的能力。

考官们陆续走进了隔壁的小会议室，这时大家都紧张起来。说来奇怪，我反而镇定了下来，记得我以前当老师第一次上讲台，双脚发抖，舌头打战，一句话要截成好几段才能讲下去，让学生听得好累。不过没过几天就应付自如了，讲起课来妙趣横生。这一次，千万要吸取教训，姑且把那些考官们的提问当成学生的提问，学生的提问有时不也是怪怪的吗？何怕之有！

我被叫了进去，先回答了几个简单的问题，如年龄、职业、特长、为什么来应聘、当记者应具备的素质等，这些我都有备无患，一一作答。这时，坐在中间的主考官开始向我提问："你说你爱好写作，可是我看了你填的报考表，在'自我评价'栏中居然出现了三次语法错误，现在既没有多余的表格，也不准涂改，你怎么办？"

我吃了一惊，填表时我字斟句酌，怎么可能……但时间不容我多想，时间拖得越长，对我越不利，我必须当机立断。于是边想边回答："为了弥补失误，我将在表后附一张更正说明上面写着：某某地方出现了三处语法错误，实属填表人的粗心大意，特此更正，并向各位道歉，不过——在发出这份更正说明前，我更不愿犯这种错误。"考官们笑了。事后我才明白，原来这是设计好的一个圈套。

主考官又提了一个问题："为了解这次招聘是否公开、公正、公平，电视台要求你做一次采访，你觉得首先要采访哪些人才最能让观众信服？"

这个问题有点棘手。为了不冷场，我一边重复主考官的问题"为了解这次招聘是否公开、公平，我觉得首先要采访这类人才能让观众信服……"一边利用这短暂的几秒钟在脑子里急速搜索"目标"——应聘人员？考官？上级主管？街头行人？……关键是一个"最"字，这是问题的核心。我心里渐渐有了谱，说："这类人就是落聘人员，因为有一个落聘者称赞这次招聘活动，心悦诚服，就具有相当强的说服力。我估计，被录取者都会说这次招聘很成功，有关领导也会说这次效果不错，但这不足以让观众相信，甚至产生怀疑心理。而街头行人可能不知道，采访未必能深入。所以，采访落聘人员，让他们说出真实感受，最有价值。"

尽管我对自己的回答比较满意，但所有考官都不动声色，相当严肃。我在心里忐忑不安，第三个问题接踵而至，"如果你这次落选了，那么，你将怨恨谁？"

我想了想，说："我不会怨恨你们，因为我相信你们的公平；我不会怨恨被录取者，因为他们比我强；我不会怨恨自己，因为我确实尽了力。"我停了一下，"但是，如果一定要问怨恨谁的话，我只怨恨名额太少了。"

所有考官都笑了起来，主考官微笑着解释："不是名额太少，而是应聘者太多。

而且我们的庙里只能容纳这么多人。”接着拿起笔在我的名字下重重地划了一道线。

三天后，我终于接到了录取通知。

思考问题

阿伟在面试中的表现，应对自如，沟通能力突出。请问：我们应该如何训练这种能力？

本章总结

本章从面试的本质入手，介绍了应从哪些方面准备面试、如何准备面试；分析了现场面试和远程面试的类型，包括结构化面试、无领导小组面试、面谈面试、电话面试等。并根据面试类型，结合案例，分别讲解了面试的技巧，重点分析了面谈面试的技巧。最后，为同学们提供了面试常见的问题及解答思路。

请在下面写下自己的学习和训练体会，帮助自己进一步提高。

____

____

____

____

____

本章习题

1. 模拟面试。

6 人一组，其中 3 人扮演招聘人员负责招聘，招聘岗位需与大数据行业相关，具体岗位由本组人员自行决定。其余 3 人扮演求职者，完成一次招聘任务，招聘人员根据每个求职者的表现，要给出相关结论以便该求职者改善。一组人轮流当招聘人员，完成一次实际的模拟。每个人的面试时间是 5 ～ 10 分钟，最后由老师进行总结。

2. 案例分析：诚恳的求职者。

有一个人，年轻时家庭生活贫困，靠他一个人养家糊口。一次，他到一家电器工厂去谋职，他走进这家工厂的人事部，向一位负责人说明了来意，请求给安排一个哪怕最低下的工作。这位负责人看到他衣着肮脏，又瘦又小，觉得很不理想，但又不便直说，就找了一个理由说：“一个月以后你再来看看吧。”

这本是个托词，没想到一个月后这个人真的来了，那位负责人又推说此刻有事，过几天再来吧。隔了几天，他又来了。如此反复多次，这位负责人干脆说出了真正的理由："你这样脏兮兮的是进不了我们的工厂的。"

这个人回去借了一些钱，买了一件整齐的衣服穿上又返回来。那位负责人一看实在没有办法，便告诉他："关于电器方面的知识你知道得太少了，我们不能要你。"

两个月后，这位求职者再次来到这家企业，对负责人说："我已经学了不少有关电器方面的知识，您看我哪方面还有差距，我一项项来弥补。"

这位负责人盯着他看了半天说："我干这行几十年了，头一次遇到像你这样来找工作的，我真佩服你的耐心和韧性。"结果终于答应他进了那家工厂工作。

这位求职者就是松下幸之助。

讨论：

（1）松下幸之助的成功，最可贵的是什么品质？

（2）就这次面试而言，我们可以向他学习什么？

第九章 保障就业权益

本章重点

◎如何避免就业常见陷阱

◎如何保障就业权益

本章难点

◎如何避免就业陷阱

◎掌握签订就业协议的基本条款

◎熟悉劳动合同必备条款

◎能区分就业协议和劳动合同

◎理解实习期和试用期的不同

◎熟悉劳动争议基本处理方式

近年来，随着高校扩招，就业竞争日益激烈，大学生就业成为社会关注的热点问题。目前，企业违法用工的情况仍然存在，如果劳动者的合法权益受到侵害，该如何处理呢？本章主要讲解了如何避免就业陷阱和保障就业权益等相关内容。要求学生了解常见就业陷阱，掌握就业协议签订基本条款和劳动合同的必备条款，并熟悉劳动争议基本处理方式，希望在校大学生在未踏入社会之前就能够学会如何用法律武器保障自身就业权益。

第一节 避免就业陷阱

一、大学生就业常见陷阱

1. 变相收费

应届毕业生刚参加工作薪酬不高是正常的。相反，如果某企业承诺提供高薪时，毕业生就应该引起注意，因为不少非正规民营企业利用高薪引诱，骗取毕业生的押金、培训费、服装费、住宿费等。在当前严峻的就业形势下，毕业生千万不要相信在工作初期就很容易获得高收入（特殊情况除外），应保持平稳心态，脚踏实地，积累工作经验。

案例

王同学是复旦大学经济学院2017届毕业生，在一家招聘网站上看到一家知名保险公司招收储备干部的招聘启事，该公司招聘承诺提供完善的培训机会，薪资待遇丰厚，晋升空间大，王同学便兴冲冲前去面试。由于是名校毕业，面试很快通过。对方提出先交200元的培训费，接受一周的入职培训，培训完公司便开始签约，对方又要求签约前先交1500元押金。

2. 传销“加盟”

打着招聘或介绍工作的幌子，欺骗、逼迫毕业生从事传销或其他违法事情的案例并不少见，其中东北大学李文星、内蒙古科技大学张超因虚假招聘误入传销组织致死的案例，让很多人感到无比痛心和愤恨。因此，毕业生在求职的过程中遇到企业招聘人员异常主动、热情，提出异地培训、实习、包吃包住的条件，并要我们帮忙介绍朋友和同学一起加入时，就要警惕是否传销组织开始盯上我们了。

案例

2017年5月，毕业生李文星通过“BOSS直聘”（招聘网站）发简历给自称是“科蓝公司”人力资源的HR薛婷婷，几分钟后，这位HR薛婷婷对他电话面试。电话面试后的次日，一个QQ名为“五杀乐队”的给李文星发送了入职聘用书。告诉他被聘为月薪5000元的Java开发工程师，工作地点在天津滨海高新区软件园。

这个自称“科蓝公司”实际上是“蝶贝蕾”传销组织天津静海的一处窝点，2017年5月20日，李文星到达天津后，立即被该传销组织控制，该组织的“大导”艾某某指使陈某某、张某等人采用锁门、跟随看管、控制手机限制其与外界通话等方式限制李文星的人身自由。2017年6月上旬，胡某接替艾某某成为新寝室长，继续安排人员对李文星进行看管、限制人身自由。李文星于2017年6月中旬被转移至该传销组织其他寝室。2017年7月14日，李文星的尸体在静海镇新104国道153公里700米处的水坑内被发现。经检验，李文星系溺水死亡。

3. 求职中介陷阱

一是不法分子打着“某职业介绍所”或“某人才交流中心”的牌子，在临时租借的办公地点，进行求职代理招聘工作。二是介绍与求职者要求甚远的用人单位，在缴纳一定费用后，求职者工作不到几个月，就会以“试用不合格”等种种理由被开除。三是非法中介机构之间相互串通，以大城市高薪就业、落户等名义开展中介并收取中介费后，再将求职者介绍给外地中介。

案例

某人才信息中介公司，每天在网上发布招聘信息近百条，均为招聘中介信息，毕业生吴同学在网上查到该中介公司发布的招聘信息，按照提示信息将个人简历通过E-mail发送至该中介公司，公司顾问约见了吴同学，为其推荐了不少岗位，但要求吴同学每个岗位支付一定的介绍费用，并且如果面试成功，要支付公司首月工资的50%作为中介费。

4. 协议陷阱

就业协议是传递毕业生人事关系的依据，保障毕业生的合法权益，如不签订就业协议，毕业生的人事档案、户籍等人事关系就无法转入工作单位及所在城市。而这些关系的办理涉及毕业生的切身利益，如办理社会保险、购买经济适用房、评审职称等。因此，单位不与毕业生签订就业协议，对毕业生的工作、生活、职业发展是不利的，毕业生应主动要求用人单位解决这些问题，并通过当地的人才交流中心协助办理人事档案、户口等关系的接收。

案例

应届毕业生李某与某私企达成工作意向，李某随即提出要求单位签订一份《高校毕业生就业协议》时，该用人单位承诺要等到实习期结束后再签订一份劳动合同，现在没有必要签订就业协议，几天后，李某回到学校办理离校手续时，被告知要用签订的《高校毕业生就业协议》办理人事档案和户口等关系的转接。此时的李某就很被动了。

5. 试用期陷阱

一是某些用人单位在与大学生签订劳动合同时，故意不约定试用期，或提出先试用，后签合同。不少用人单位利用毕业生求职心切的心理，提出先试用一段时间，后签订劳动合同的做法。或者先签订“试用期合同”。事实上，无论哪种做法都是违法的。只要约定了试用期，最长期限就不能超过 6 个月，而且试用期应包括在劳动合同的期限内，所以毕业生应警惕试用期或见习期过长。二是廉价、无偿试用。在试用期内，试用期工资不得低于劳动合同约定工资的 80%，或不低于当地最低工资标准。即使有的企业不愿意与试用工签订劳动合同，事实劳动关系同样受法律保护。三是不将承诺写入合同。用人单位对招聘广告中的内容并非必须承担履行义务。作为毕业生，如想要招聘的用人单位兑现招聘广告中的承诺，最好将这些承诺写入双方的劳动合同条款中，由劳动法的约束力来督促用人单位向毕业生履行承诺。

案例

毕业生杨同学和一家公司签订了 3 个月的试用期合同，在转正之后将享有 5000 元 / 月，缴纳五险一金的待遇。但是在转正之前，小杨需要试用 3 个月，试用工资为 2500 元 / 月。如果小杨在试用期结束达不到公司的考核要求，小杨则需要继续试用，直到达到考核要求为止。这么一看，这个合同似乎没有什么问题，于是小杨爽快地答应了。殊不知，小杨已经陷入了“试用期的骗局”当中。

杨同学签订的试用期合同有什么问题？

6. 安全陷阱

一是以招聘为由索要身份证、毕业证等各种证件的原件或复印件以及私人的签名、盖章等。 二是以好工作、高待遇为诱饵，骗取大学生信任，从而达到劫财劫色、拐卖人口、从事非法活动等目的。

案例

某省会城市一木材厂打着招聘的幌子对女大学生骗财骗色，受骗的是2017届女大学生夏梦（化名）。河南姑娘夏梦，年初来到省会城市找工作，她在报纸上看到一家木材厂招聘文员的广告，就前去求职，面试很顺利，双方签下三个月的合同，同时，她还向副总交纳了300余元的服装费和生活费等，但对方没给合同和收据。第一天上班，经过短暂的入职培训后，老总把她带进一个只有两张床大小的小黑屋，准备进行员工身体测试，夏梦被吓得夺门而逃，不过因为已经交了钱，她只得留下继续做文员，连续几天，老总和副总仍然继续骚扰她，夏梦终于决定辞职，并向附近派出所报了案。不过，骗子们在警察围剿前突然消失了，不见了踪影。

在求职过程中女大学生该如何保护自己？

二、如何避免就业陷阱

应届大学毕业生由于缺乏求职经验，缺乏社会阅历，容易轻信别人，丧失正常的判断力，所以每年都有部分毕业生在求职过程中上当受骗。那么，大学生在求职过程中，应该如何避免就业陷阱呢？

1. 加强防范意识，端正求职心态

求职毕业生要加强自我保护意识，防范非法企业的欺骗和侵害。要特别留意，保持清醒的头脑，谨防上当受骗。保持良好的求职心态，不可急于求成。

2. 对用人单位进行全面考察

毕业生应对用人单位的资质、业务运营情况、入职培训等方面进行全面考察并核实，可以在求职单位官网查看相关企业信息，提高鉴别企业真伪的能力。

3. 切勿轻易缴纳各类费用和抵押证件

不要轻易提供过于详细的个人信息，任何企业招聘，以任何名义向求职者收取抵押金、培训费、服装费等行为，都属于非法行为。

如果遇到此类情况，求职者可以先拒交，并向招聘企业所在地派出所举报，保护自己的合法权益不受侵害。

4. 认真学习法律法规，重视签约环节

求职毕业生应该熟悉《劳动法》相关条款，在签约环节应该对工作内容、薪酬待遇、社会保险等关键信息进行核实，督促单位的人力资源部门把承诺的待遇写进劳动合同里，确保自己的合法权益不受侵害。

5. 注意面试安全，防范非法工作

毕业生面试前，要确认声誉、信誉的可靠性，才可前往面试，最好有朋友陪同前往，携带防身物品。面谈时，如单独在一间房间，不要轻信男同事的饮料或点心，切记不要将身份证交给面试单位。

第二节　保障就业权益

案例

王同学去一家开价很高的翻译公司应聘，对方的办公地点看起来很正规，工作人员态度也不错，为表示自己的诚意，她没有提出与公司签协议，只口头商定一个月发一次工资，分500元底薪和翻译费两部分。一个月后，王同学因故不能继续工作了，可公司却以财务有问题为由，承诺两星期后再付报酬。半个月后，当王同学再去公司索要工资时，却发现那家公司已经不知去向。

思考　王同学应该怎么做才能让自己的合法权益不受侵害？

一、就业协议的签订

每年的高校毕业季临近，众多的高校应届毕业生都会面临一系列繁琐的毕业事项，如就业协议的签订就让不少同学伤神费脑，在哪里盖章？在哪里签字？档案到哪里去？本节就为同学们总结一下毕业生就业协议签订注意事项。

（一）就业协议书概念

就业协议书是《全国普通高等学校毕业生就业协议书》的简称，是普通高等学校毕业生和用人单位在正式确立劳动人事关系前，经双向选择，在规定期限内确立就业关系、明确双方权利和义务而达成的书面协议，是用人单位确认毕业生相关信息真实可靠以及接收毕业生的重要凭据，也是高校进行毕业生就业管理、编制就业方案以及毕业生办理就业落户手续等有关事项的重要依据。协议在毕业生到单位报到、被用人单位正式接收后自行终止。就业协议一般由国家教育部或各省、自治区、直辖市就业主管部门统一制表。

（二）就业协议书主要内容

（1）高校毕业生基本情况应包括：姓名、性别、身份证号、专业、学制、毕业时间、学历、联系方式等基本个人信息。

（2）用人单位基本情况应包括：单位名称、组织机构代码、单位性质、联系人及联系方式、档案接收地等。

（3）高校毕业生和用人单位约定的有关内容应包括：工作地点；工作岗位；户口迁入地；违约责任；协议自动失效条款、协议终止条款；双方约定的其他事宜。

（4）各方应严格履行协议，任何一方若违反协议，应承担违约责任。

（5）其他补充协议。

（三）就业协议签订原则

1. 平等协商原则

就业协议的签订方的法律地位是平等的，高校也不得强迫毕业生到指定单位就业（特殊情况除外），用人单位也不得在签订就业协议时收取毕业生不合法的保证金，如有其他未注明事宜应在“备注”内容处明确。

2. 诚实守信原则

就业协议签订时双方约定毕业生在毕业时必须获得毕业证书，否则就业协议即为无效协议，毕业生是合法个体，用人单位也要如实介绍本单位经营活动和管理活动的情况。毕业生和用人单位双方自愿约定就业意向后，双方遵守协议承诺，在签订就业协议期间，毕业生不应再选择其他单位，这样不仅损害学校信誉，也浪费其他毕业生的就业机会，对用人单位造成重大经济损失的，用人单位可按协议约定条款要求赔偿。

（四）就业协议签订注意事项

用人单位情况与意见填写因学生签订单位性质不同，学生档案接受地亦有区别。

（1）如毕业生到当地或（外地）国有企业就业的，如中国铁建、中国石油、中国移动等大型国有企业，或者签订的企业是学校、机关事业单位的，只要在用人单位意见处盖上单位公章即可，用人单位上级主管部门不用盖章，档案接收详细地址填写单位的详细地址即可。

（2）毕业生到非公单位就业的，如民营企业和私营企业，这些单位不具备接收档案和档案管理权限，就业协议书上单位意见处理处除了盖单位公章外，还要在单位上级主管部门处加盖接收档案地的人事部门公章，一般非公接收档案地在当地的人才交流服务中心，并加盖当地人力资源和社会保障局公章，档案接收详细地址填写当地人才服务中心或人力资源和社会保障局的详细地址。

（3）自主创业和自由职业的毕业生，一般没有固定就业单位，可以在用人单位意见处直接盖人才服务中心的公章，在用人单位上级主管部门处加盖人力资源和社会保障局公章，档案接受地详细地址填写当地人才服务中心详细地址。

二、劳动合同的签订

（一）劳动合同概念

劳动合同，是指劳动者与用人单位之间确立劳动关系、明确双方权利和义务的协议。订立和变更劳动合同，应当遵循平等自愿、协商一致的原则，不得违反法律、行政法规的规定。劳动合同依法订立即具有法律约束力，当事人必须履行劳动合同规定的义务。

根据《中华人民共和国劳动法》（以下简称《劳动法》）第十六条第一款规定，劳动合同是劳动者与用人单位之间确立劳动关系、明确双方权利和义务的协议。根据这个协议，劳动者加入企业、个体经济组织、事业组织、国家机关、社会团体等用人单位，成为该单位的一员，承担一定的工种、岗位或职务工作，并遵守所在单位的内部劳动规则和其他规章制度；用人单位应及时安排被录用的劳动者工作，按照劳动者提供劳动的数量和质量支付劳动报酬，并且根据劳动法律、法规规定和劳动合同的约定提供必要的劳动条件，保证劳动者享有劳动保护及社会保险、福利等权利和待遇。

（二）劳动合同基本条款

《中华人民共和国劳动合同法》（以下简称《劳动合同法》）第十七条规定：劳动合同应当具备以下条款（备注：劳动合同条款分为必备条款和补充条款，本节介绍的是必备条款的主要内容）：

（1）用人单位的名称、住所和法定代表人或者主要负责人。

（2）劳动者的姓名、住址和居民身份证或者其他有效身份证件号码。

（3）劳动合同期限。

（4）工作内容和工作地点。

在这一必备条款中，双方可以约定工作数量、质量，劳动者的工作岗位等内容。在约定工作岗位时可以约定较宽泛的岗位概念，也可以另外签一个短期的岗位协议作为劳动合同的附件，还可以约定在何种条件下可以变更岗位的条款等。掌握这种订立劳动合同的技巧，可以避免工作岗位约定过死、因变更岗位条款协商不一致而发生的争议。

（5）工作时间和休息休假。

（6）劳动报酬。

此必备条款可以约定劳动者的标准工资、加班加点工资、奖金、津贴、补贴的数额及支付时间、支付方式等。

（7）社会保险。

社会保险主要项目包括养老保险、医疗保险、失业保险、工伤保险、生育保险，一般情况，企业会给员工缴纳五险或五险一金。

（8）劳动保护、劳动条件和职业危害防护。

（9）法律、法规规定应当纳入劳动合同的其他事项。

劳动合同除前款规定的必备条款外，用人单位与劳动者可以约定试用期、培训、保守秘密、补充保险和福利待遇等其他事项。

（二）劳动合同基本种类

（1）固定期限劳动合同，是指用人单位与劳动者约定合同终止时间的劳动合同。用人单位与劳动者协商一致，可以订立固定期限劳动合同，如 1 年期限、3 年期限等均属这一种。

（2）无固定期限劳动合同，是指用人单位与劳动者约定无确定终止时间的劳动合同，原劳动法规定的长期合同。无固定合同期限没有具体时间约定，只约定终止合同的条件，无特殊情况，这种期限的合同应存续到劳动者到达退休年龄。

（3）单项劳动合同，即没有固定期限，以完成一定工作任务为期限的劳动合同，是指用人单位与劳动者约定以某项工作的完成日期为合同期限的劳动合同。例如：劳务公司外派一员工去另外一公司工作，两个公司签订了劳务合同，劳务公司与外派员工签订的劳动合同期限是以劳务合同的解除或终止而终止，这种合同期限就属于以完成一定工作为期限的种类。

用人单位与劳动者在协商选择合同期限时，应根据双方的实际情况和需要来约定。

三、就业协议和劳动合同的区别

（一）签订主体的区别

大学生就业协议，签订主体包括：应届毕业生、就业单位和学校三方。就业协议对用人单位的性质是没有规定的，对任何单位都适用，就业协议的鉴证方是学校。劳动合同的主体包括：劳动者（包含应届毕业生）和用人单位（不含公务员单位和实行公务员制度的组织和社会团体以及军队系统）两方，与学校完全是无关的。

（二）签订内容的区别

就业协议的基本内容是毕业生介绍自身的情况，如姓名、性别、身份证号、专业、学制、毕业时间、学历、联系方式等基本个人信息，毕业生和用人单位根据自愿原则，互相约定，毕业生表示愿意去用人单位就业，用人单位也愿意接收毕业生。鉴证方学校则同意推荐毕业生就业，并且列入派遣计划当中。就业协议是不涉及任何权利和义务问题的。劳动合同的内容则涉及了很多权利和义务，如：薪资待遇、法律保护、员工纪律、工作内容、岗位职责和绩效考核等各方面的内容。

（三）签订时间的区别

一般而言，就业协议都是学生在毕业前，毕业生和用人单位在就业意向上达成初步约定，与用人单位签订的书面就业协议，是在签订劳动合同之前签订的。而劳动合同，则是毕业生正式到用人单位报到的时候才会签订。

（四）签订目的区别

签订就业协议的目的是对将要签订的劳动合同的基本权益和义务能达成初步共识。这份协议需要用人毕业生、高校、单位和上级主管部门签字盖章，并在就业意向上达成初步约定，承诺履行协议，该就业协议还可以作为将来签订正式劳动合同的依据。签订劳动合同是为了保障毕业生和用人单位双方的权利和义务，有助于提高双方履行合同的自觉性和行使权利的约束性，同时对减少劳动纠纷或稳定劳动关系也有重要作用。

（五）适用法律区别

目前，尚没有专门的一部分法律对毕业生就业协议加以调整，如果就业协议发生争议，可以根据协议本身内容，还有毕业生就业政策和法律对协议的一般规定来加以解决。劳动合同发生争议，应当依据《劳动法》《劳动合同法》来处理，大家一定要切记这一点，以免自己的权利受到侵害！

四、实习期和试用期

案例

2014 年 5 月 9 日，河北某大学与当地某企业签订了实习协议。双方约定：该大学应向这家企业提供实习生 50 名，实习期限为 2014 年 5 月至 11 月 8 日。杨某、何某等三人是该大学应届毕业生，被学校委派到该企业实习，从事数据分析工作，7 月 1 日，三人顺利毕业，领取了毕业证书。随后三人向企业申请应当给予他们正常劳动者的待遇，但此要求遭到拒绝，学校和企业都认为只有试用期满后才能获得正式员工的薪资待遇。9 月 28 日，遭到拒绝的三位毕业生决定离开该企业，但该企业仍拒绝发放 9 月份工资，双方因工资发放问题产生了劳动争议，随后，三位毕业生向该市劳动仲裁委员会提出仲裁申请，该仲裁委员会认为其不在受理范围，并发出不予受理通知书。次日，三人向该市人民法院提起诉讼，法院受理后，最终双方达成调解协议。11 月 28 日，三人得到了他们应得的工资。

思考　1. 该企业不发放 9 月份工资的行为是否已违法？

2. 大学生实习时应注意哪些问题？

3. 实习生和毕业生在签订劳动合同问题上有什么区别？

（一）实习期和试用期概念

实习期是针对在校学生的，是指学生在校期间，到单位具体岗位上参与实践工作的过程，其目的是达到理论联系实际，知行合一，更好地学习理解科学文化知识。所以实习期内学生与单位没有形成劳动关系，拿低于当地最低工资的工资不违反法律法规。

试用期是不仅针对毕业生，还包括了所有有意愿工作且经验丰富的社会人。根据 1995 年劳动部发布的《关于贯彻执行〈中华人民共和国劳动法〉若干问题的意见》的规定，试用期是指用人单位和劳动者为相互了解、选择而约定的不超过 6 个月的考察期。一般针对初次就业或再次就业的职工可以约定。《劳动法》第二十一条规定：劳动合同可以约定试用期。试用期最长不得超过 6 个月。由此可见，试用期不是必备条款，是否约定由双方当事人决定。只要约定了试用期，最长期限就不能超过 6 个月，而且试用期应包括在劳动合同的期限内。

（二）实习期和试用期的区别

（1）适用主体不同。实习期是对于未毕业的大中专学生而言的，而试用期是针对初次就业的员工而言的。

（2）时间期限不同。实习期没有期限的限制，而试用期只要不超过6个月即可。

（3）劳动报酬不同。实习可以是有偿的，也可以是为获得实习岗位或社会经验而无偿提供实习；在试用期内，试用期工资不得低于劳动合同约定工资的80%。

（4）协议形式不同。实习期间，企业可与实习生签订实习协议，是否办理商业保险无硬性要求；试用期内，企业应与员工签订劳动合同，并依法办理社会保险。

（5）管理幅度不同。实习期间，档案由学校统一管理；试用期间，员工应将档案调入企业或指定的存档机构，如人才服务机构。

关于两者之间的联系，一般的步骤是实习期——试用期。试用期是《劳动法》《劳动合同法》规定的，试用期包括在劳动合同期限内。实习期期间，学生与企业之间尚未建立劳动关系，双方之间的权利与义务关系可参照有关民事法律法规处理。对于已经通过实习期的学生，被企业正式录用的，企业也可能不再约定试用期。

虽然实习期、试用期这两个名词几字之差，但法律上的意义却截然不同。相信，通过分析它们之间的联系和区别，对大家正确理解概念、拿捏操作技巧能有所帮助。

五、劳动争议处理

在工作中，劳动者和用人单位时常会因为劳资问题和工伤问题等发生劳动争议。所谓劳动争议是指在劳动关系中当事人之间因劳动的权利与义务发生分歧而引起的争议。那么，面对劳动争议我们该如何处理呢？劳动争议处理方式有哪些？作为刚毕业走进社会工作的大学生，了解劳动争议处理的具体方式尤为重要。目前，社会上仍然存在一些企业违法违规的情况，如果劳资双方没有签署劳动合同，不仅会损害劳动者的合法权益，还会引发劳动争议和纠纷，如果不及时处理，则可能演变为劳动诉讼案件，这对双方都是不利的。

（一）劳动争议处理方式

1. 协商和解

一般情况，协商和解是争议双方常用的处理方式，风险达到最小化。双方协商一致后，应签署对双方当事人有约束力且应当履行的书面和解协议。另一个协商处

理方式是仲裁庭审查。在和解程序和协商内容都合法的前提下，可作为证据使用。（详见参考书籍《劳动争议处理》）

2. 调解

调解委员会由劳动代表和企业代表组成。劳动代表由工会委员成员或由全体劳动者选举产生，企业代表由企业法人或负责人指定。调解的内容一般包括劳资和工伤问题，主要包括支付拖欠的劳动报酬、工伤医疗费、经济赔偿金等，如双方在调解签字生效后，有用人单位在约定期限不履行的，劳动者可凭调解书向人民法院申请支付令，也可以在自书面生效之日起 15 日内向劳动仲裁委员会提出仲裁审查申请。

3. 劳动仲裁

劳动仲裁委员会由劳动行政部门代表、同级工会代表和用人单位代表组成。仲裁时效为一年，举证责任倒置，即证据由用人单位掌握的，由单位举证，否则将承担不利后果。如劳动者主张工伤医疗费的，应当就工伤医疗费事实的存在承担举证责任，否则用人单位承担不利后果。处理劳动者个体申请劳动仲裁，如劳动者一方在十人以上，有共同请求的，推荐代表参加仲裁活动的称为集体劳动仲裁。

4. 诉讼

劳动人事争议仲裁委员会做出的同一仲裁裁决同时包含终局裁决事项和非终局裁决事项，当事人不服该仲裁裁决向人民法院提起诉讼的，应当按照非终局裁决处理。

（二）如何预防和减少劳动争议

劳动争议是劳动关系利益的内在差别和矛盾的外在表现，劳动关系的和谐稳定，不仅关系到劳动者自身职业的长远发展，还关系到社会经济的持续发展。因此，如何预防和减少劳动争议，保持劳动关系的和谐、稳定，应由政府职能部门、用人单位和劳动者共同积极地加以预防。

本章总结

1. 大学生常见的就业陷阱有：求职中介陷阱、协议陷阱、试用期陷阱、安全陷阱等。

2. 区别就业协议和劳动合同的不同：签订主体不同，签订内容不同，签订时间不同，签订目的不同，适用法律的区别。

3. 区别实习期和试用期的不同：时间期限不同，是否支付报酬，协议形式不同，管理幅度不同。

4. 劳动仲裁处理方式：协商，调解，劳动仲裁，人民法院诉讼。

本章的内容学到这里，请在下面写下自己的学习和训练体会，帮助自己进一步提高。

____

____

____

____

本章习题

某大学杨同学于2015年10月进入上海一家合资上市科技企业从事大数据工程师的工作。进入公司前，他与公司高层几次交涉薪水待遇的问题，最终确定他的年薪是7万～10万元人民币，并口头承诺与其签订无固定期限的劳动合同。杨同学毕业后，上海公司事务代表与他签订了劳动合同，合同中明确了入职时间、6个月试用期、工作岗位、薪资待遇和晋升空间等内容，但未注明是无固定期限劳动合同。在杨同学工作6个月后，公司突然向他发来一份终止劳动合同的通知书，公司说与他签订的6个月的试用期合同已经到期，公司无意与他续约。对此，杨同学表示无法接受，与公司协商调解无果后，杨同学提出劳动仲裁要求恢复劳资关系。在未获劳动仲裁支持后，杨同学又向法院提起诉讼，并追加了要求企业支付违法解除劳动合同期间工资的诉求。次年8月，法院最终判决支持了杨同学要求恢复劳动关系的诉求，但对于追加的支付工资的诉求法院并未支持，原因是未获得仲裁前置程序的支持，但杨同学还可以通过法律程序继续主张权利。在法院判决生效的次日，杨同学收到了公司发来的复岗通知。

杨同学回公司的第一天就要求公司支付其违法解除劳动合同期间的工资，但公司认为法院并未判决其承担此义务，故拒不支付，并且表示暂时难以安排原岗位，要求杨同学等公司重新安排。对于公司的这种态度，杨同学表示由于公司存在长期拖欠工资的情况，且不安排工作的行为已违反《劳动法》。随即杨同学又提起第二场劳动争议仲裁。

思考 1. 本案例中，公司难以恢复杨同学的原岗位，让其等待安排的做法是否违法？理由是什么？

2. 公司是否需要支付第一次诉讼期间的工资？理由是什么？

第十章 初入职场，迈好第一步

本章重点

◎职场新人如何快速成长
◎了解企业制度
◎调试职场心理

本章难点

◎如何适应职场环境
◎了解企业的制度

“准职业人”是职业导向训练课程一直在讲的一个概念，“产教融合”的教育改革发展模式，在培养学生时就要求学生按照企业对员工的标准要求自己。对于即将迈入职场的你们，真的已经准备好了吗？作为一个职场新人，在职场中快速适应和成长变得至关重要。

本章的学习会告诉我们职场新人如何才能快速成长，企业的制度是怎样的？我们应该如何适应职场环境并且调试职场心理。

第一节　职场新人如何快速成长

一、转变学生时代的心态和行为

学校和职场是两个完全不一样的环境，作为一名应届毕业生，应该清楚地明白学校和职场的不同。在学校的学习中，基本都是要求自己独立完成某项任务，强调个人的能力和效率，比较少使用团队合作的方式；但在职场的工作中，基本都是通过团队合作来完成任务，注重团队沟通协作。学校是一个熟悉的环境，几年的时间里每天面对的人几乎都是一样的；职场是一个相对陌生的环境，会和不同的人打交道，更加注重个人的社交能力。在学校做错了事，通常情况下都不会太严重，还能够被原谅；但在职场犯了错，影响是很大的，甚至会给公司带来巨大的损失。在学校，对学生的管理是比较松散的，特别是在大学期间，学生有很高的自由度；但是在职场，公司的管理是严格的，必须要按照公司的规定来处理事情。

二、学会适应环境

案例

王明是某大学大数据专业的应届毕业生，王明成绩优异，在毕业之前找了一份数据开发工程师的工作。上班以后，王明发现他有很多苦恼，来到了一个不熟悉的城市，身边没有朋友，经常会感到很孤独；很想和同事搞好关系，但又怕太殷勤别人会觉得别有目的；在学校一直都是老师关注的焦点，在公司就变成了小透明一样；不习惯团队合作的方式，觉得太麻烦了……这样的心态，导致他每天上班都很煎熬，注意力不能很好地集中，工作效率也很低。

思考　王明出现了什么状况？

从学生转变为职业人，进入职场后，面对的第一件事情就是如何去适应职场环境。只有适应了职场的环境才能够更快适应自己职场新人的身份。

来到一个新的环境，唯有“知己知彼”才能“百战百胜”。我们要做的第一件事情就是熟悉公司的日常管理流程及各项规定，这样才能让我们避免犯错。了解公司的企业文化，知道公司的定位和发展方向，找到自己的定位和今后努力的方向，这样个人目标和公司目标就会有机地融合到一起，自己与公司就能共同成长。

三、注重办公室礼仪

作为一个职场新人，虽然对同事和上司都不是很熟悉，但是礼仪是少不了的，它会帮助我们更快地融入集体。

（1）遇到上司礼貌问候，上下班时与同事问早与道别。

（2）不管是上级或是同事，请求对方帮忙时切记要表达谢意。

（3）不怕麻烦，在同事需要帮助之时不要推脱。

（4）办公室切忌窥探和议论任何人的隐私。

四、学会与人沟通交流，建立良好的人际关系

在职场，我们通常讲的都是团队、集体作业，工作基本都是按项目然后分配到每一个人身上，我们必须学会怎么去和别人沟通交流，共同完成工作。必须和同事处理好人际关系，那样才能让自己更快地融入公司，适应环境。

五、尽快熟悉、掌握从事职位所需的知识和技巧，提升个人能力

进入职场，决定我们能否待在公司的最重要条件就是我们是否能完成工作任务。我们参加的工作不一定与我们在大学所学的专业绝对相关，其实，就算是与大学所学的专业相关，我们也会发现在课堂上学的那些知识有很多是用不到的，有很多需要用的反而是没有学过的。为了能够准时、更好地完成工作，我们必须掌握从事职位所需要的知识和技巧。

（1）制订工作计划，每天都要比前一天多学习一点。

（2）总结工作，从中提取自身亮点，找寻不足之处，进而改进。

（3）在工作之余，加强自我学习，给自己充实能量。

六、学会请教和反馈

初入职场，遇到不清楚的事、工作流程和方法，要记得善于请教。请教不一定要找部门领导。涉及基础名词知识，可以自己主动搜索了解。建议不要为一个非常

肤浅的知识点，去打扰他人。关于公司文化、业务流程不清楚，可以请教部门内的老同事，当我们作为一名职场新人，对待任何一件工作，要懂得及时反馈，这样能够让领导知道我们的工作进度和工作的能力，有问题也能够及时地被指出修改。不要等领导要求反馈时才反馈，那样通常会搞得手忙脚乱。

七、明确自己的奋斗目标

当我们满怀希望、斗志昂扬地参加工作时，特别是作为一名职场新人，总是会对未来有一个憧憬，有一个目标。这个目标激励着我们前进，因此只有自己有着明确的奋斗目标知道自己想要的是什么，我们才会在职场之路上满怀前行的勇气与希望。

第二节　了解企业制度

作为一名职场新人，想要快速地适应职场，就必须要对企业制度有一定的了解。我们将从企业文化、行政管理制度、人力资源管理制度、财务制度这四个方面对企业制度进行初步的认识。

一、企业文化

1. 企业文化的概念

企业文化是在一定的社会历史条件下，企业在物质生产过程中形成的具有本企业特色的文化观念、文化形式和行为模式，以及与之相适应的制度和组织机构，体现了企业及其员工的价值观念、经营哲学、行为规范及共同信念。也可以说，企业文化是企业员工经过长期的生产经营实践，培育起来并共同遵守的目标、价值观、行为规范的总称。

从广义来看，企业文化是在一定的社会、经济、文化背景下，企业员工长期创造的观念形态文化、物质形态文化和制度形态文化的综合。企业文化是指企业在生产经营活动中物质文化和精神文化的总和。从狭义来看，企业文化主要是指企业的精神文化，也就是在长期的经营活动中形成的共同愿景、理念、行为准则和道德规范的总和。

2. 企业文化的特点

企业文化具有集体性、隐蔽性、系统性、规范性、时代性等特点。

（1）集体性。企业文化是在企业生产经营过程中，逐步将自己的价值观、规范和制度积淀下来形成的。

（2）隐蔽性。企业文化正如概念上所讲的是一种思想意识，并不是确切存在的真实物体，企业文化是在一定的载体上呈现。

（3）系统性。一个发展的企业在制定企业文化时，尤其注重企业文化的各个部分使之成为一个系统。

（4）规范性。企业文化是由企业内部全体成员所创造出来的，具有整合功能，这就要求企业内个人的思想行为应当符合企业的共同价值观，与企业文化认同一致。

（5）时代性。企业文化的发展是变化不断的，企业文化的变化发展与时代的变化发展是保持一致的，企业文化只有不断变化发展，才能促进企业的发展。

3. 企业文化对企业的意义

企业文化是企业制定企业制度、发展企业、管理企业的重要依据，企业文化的内涵甚至能够决定一个企业的兴衰。良好的企业文化对企业员工的影响是深远而有益的，不仅会对员工自身的工作发展、人生经历有很大影响，而且会对企业本身的长远发展有着长久的益处。优秀的企业文化可以塑造更好的企业形象，从而为企业吸引大量优秀人才，提高企业的知名度与信誉度。良好的企业文化与企业形象可以让企业内部员工增强归属感，从而为企业创造更多效益。

二、企业行政管理制度

1. 企业行政管理制度的概念

企业行政管理是指为完成企业的使命和目标，通过组织行为或行政权威，处理企业的行政公务、协调关系和后勤保障等，是一种带有内部公共性质的企业管理活动。

企业的行政管理体系是企业的中枢神经系统。它是在企业高层管理者领导下，由专业的行政部门组织实施操作，其触角深入到企业的各个部门和分支机构的各个领域。企业行政管理体系所担负的企业管理工作，是企业中除生产经营业务之外的管理工作。行政管理体系推动和保证着企业的技术（设计）、生产（施工）、资金（财务）、经营（销售）、发展（开发）几大块生产经营业务的有序进行、正常运转和相互之间的协调。

在现代企业中，行政部门是企业重要的管理部门。做好行政管理工作能够为企业创设良好、有序的环境条件，为企业的生存和发展提供强有力的系统性支持。企业的行政管理可以保证企业工作的正常进行，为提高企业经济效益服务。

2. 企业行政管理的主要工作

企业行政管理主要包括以下 5 个方面的工作：

（1）行政办公管理。主要包括：文书与档案管理、保密管理、日常办公事务管理（如印信管理、会议管理、接待工作、值班工作、差旅管理等）、组织设计与组织变革、企业制度建设和管理等。

（2）行政后勤管理。主要包括：办公物品管理，固定资产实物管理（企业的房屋及非生产经营用固定资产），安全保障管理，办公环境管理，水电、暖气等生活基础设施管理，食堂、宿舍管理以及车辆管理等。

（3）企业法律事务管理。主要包括：规范合同的签订工作，负责合同的审核，参与重大项目的论证考察，招投标和合同谈判等工作；负责法律案件的处理，法律事务咨询和开展法制教育等。

（4）企业公共关系工作。主要包括：遵循公共关系的原则，履行公共关系的职能，维护好企业与政府、社区、媒体、消费者、内部员工和股东的关系；负责对外新闻发布，开展公共关系专题活动（如新闻发布会、展览会、庆典活动、社会赞助和开放参观等）；负责危机公关等。

（5）企业文化建设。主要包括：搞好企业精神文化、制度文化和物质文化的建设；传承优秀的企业文化；开展文体娱乐活动；树立良好的企业形象，增强企业的凝聚力。

3. 企业行政管理制度的主要内容

行政管理类制度主要包括以下几个方面：（1）办公用品管理制度。（2）值班管理制度。（3）印章管理制度。（4）车辆管理制度。（5）安全保卫管理制度。（6）餐厅管理制度。（7）会议管理制度。（8）档案管理制度。（9）宿舍管理制度。（10）环境卫生管理制度。（11）保密制度。（12）电话使用管理规定。（13）复印机、打印机、传真机使用管理规定。（14）电脑使用管理规定等。

4. 职场新人在行政管理制度中需要关注的内容

职场新人在刚进入职场时一定要听从上级的指挥与安排；要维护公司的财产，不能损坏设备或公司物品，使公司蒙受损失；要遵守保密的原则，不能对内或对外泄露公司商业机密；不能在工作时间玩游戏、睡觉等与工作无关事项。

三、企业人力资源管理制度

1. 人力资源管理制度的概念

人力资源管理是指运用现代化的科学方法，通过与一定物力相结合的人力进行合理的培训、组织与调配，使人力、物力经常保持最佳比例，同时对人的思想、心理和行为进行恰当的诱导、控制和协调，充分发挥人的主观能动性，使人尽其才，事得其人，人事相宜，以实现组织目标。

现代人力资源管理具有全新的理念，它是将“人”看作最重要的组织资源，在管理运作中坚持“以人为本”的管理原则，实现“以人为中心”的管理，有计划、有步骤、科学地去开发和利用、组织企业自有或社会共有的人力资源的管理工作。人力资源管理是以人的价值观为中心，为处理人与工作、人与人、人与组织的互动关系而开展的一系列开发与管理的目标。就整个企业组织而言，是为了提高企业组织的生产效率和增强企业组织的竞争力；就企业员工而言，是为了提高工作、生活质量和工作满意度。

2. 人力资源管理的特点

人力资源管理具有综合性、交叉性、边缘性。人力资源管理在理论上是跨多个学科的，现代人力资源管理的理论基础涉及管理学、法学、经济学、心理学、社会学等多门学科。

人力资源管理具有很强的政策性。在共同劳动过程中的人作为社会的一分子，必须遵守社会与组织的公约，以保证这些关系的稳定并促进这些关系的改善。

人力资源管理具有很强的实践性。人力资源开发与管理只能根据其基本原理与方法在实践中不断完善与创新，尽力找到适合自己组织特点的模式，结果是否有成效只能通过实践得到检验，所以不要期望在案例分析中看来十分有效的成功经验可以被到处套用，而只能在分析的过程中“悟”出适合于自己企业特点的方式来。

人力资源管理具有整体性。人力资源管理必须依赖于整个组织的支持，而且人力资源管理各项职能之间应当具有一致性。

3. 人力资源管理制度的基本内容

人力资源管理制度：（1）招聘管理制度。（2）培训管理制度。（3）辞聘管理制度。（4）薪酬管理制度。（5）绩效管理手册。（6）员工手册。（7）新员工入职培训手册。（8）考核管理制度。（9）考勤管理制度等。

4. 职场新人在人力资源管理制度中需要关注的内容

（1）考勤制度。上下班严禁迟到早退，上下班需要打卡。员工请假必须提前请假，病假必须在治疗结束后 3 个工作日内提交医院诊断证明、医生医嘱。

（2）休假制度。全国法定公休假，全体员工放假，原则上按国家相关规定执行。在公司工作满一年，可休年假，工作已满 1 年不满 10 年的可以休 5 天，工作已满 10 年不满 20 年的可以休 10 天，工作已满 20 年的可休 15 天。婚假 3 天，丧假 3 天，产假按照国家和地方的规定执行。

（3）离职制度。员工离职时需提前 30 天提出书面申请，并按规定办理离职手续。员工在离职前应归还公司全部财产，清算所有未结清的账目，做好离职交接工作，并填写离职相关表单，经相关部门负责人签字同意后，至人力资源部门办理离职手续。

案例

某公司的人力资源管理制度

入职管理

（一）入职手续

新员工按照《录用通知书》在指定时间到公司指定地点报到，并按要求提交全部入职资料（包括应聘人员登记表、学历学位证明、身份证、上一家就职单位开具的有效离职证明、体检证明、银行卡等原件），办理入职手续。公司留存扫描复印件备档。员工填写相关信息表，公司留存。

个人简历等打印或复印件，本人必须全部签名。员工向公司提供的个人信息必须真实有效，公司将视情况进行背景调查，提供虚假信息或者入职一个月内仍无法按要求全面提供入职材料的，视为欺诈及严重违反公司规章制度，公司可以随时与其解除劳动关系。

（二）入职体检

所有新员工须在入职前到公司指定体检机构体检，特殊情况须在入职一周内完成体检。新员工垫付费用，入职后报销。收到体检报告后一周内将体检报告交人力资源部门，凡未体检者按无法全面提交入职材料处理。

考勤管理

（一）工作时间

实行标准工时制，每周工作 5 天。

上班时间 9：00；

下班时间 18：00。

（二）迟到、早退

所有员工均应按时上、下班，严禁迟到、早退。迟到：晚于规定上班时间，且不超过 30 分钟到达办公地点的。早退：早于规定下班时间，且不超过 30 分钟离开办公地点的。

迟到或早退 3 次以上，超出部分处罚标准：（1）每次罚款 50 元，必要时公开通报。超过 30 分钟根据审批情况视同事假或旷工。（2）当月迟到或早退累计 5 次另记事假 1 天。（3）当月迟到或早退累计 10 次另记旷工 2 天。（4）当年累计迟到或早退 20 次及以上者视为严重违反公司规章制度，公司有权与其解除劳动关系。

（三）请假

请假原则：（1）请假以不影响工作为前提。结合法定假期的情况，公司可安排集中休假。（2）员工请假须提前申请。（3）员工病假必须在治疗结束后3个工作日内提交医院诊断证明、医师医嘱等有效就医凭证到人力资源部门备案，并按审批流程申请病假。（4）请假计算：请假以小时为标准计算单位。（5）事假为无薪假。（6）病假期间工资按照工作地最低工资标准发放。

请假流程：（1）员工请假应按OA系统流程要求提交申请，须填写请假时间、天数、请假类别、请假事由等，报有请假审批权的领导审批同意，并在请假前做好工作交接后方可生效，否则无效。（2）因突发事件或急病来不及事前书面请假的，应事前通过电话或其他方式征得有请假审批权的领导审批同意。返岗后的3个工作日内按照本规定补办请假手续。

请假审批：（1）1天以内（含1天）请假，报直接上级审批同意。（2）1天以上请假，报部门负责人及分管领导审批同意。

薪酬管理

（一）员工薪酬结构

（1）员工薪酬结构为：工资×月度考核系数+补贴+奖金。（2）公司根据不同地域、不同部门、不同岗位、不同级别来确定员工工资额度。（3）月度考核系数公司实行月度考核制，除总经理、副总经理外的全体员工都要参与月度考核，详见公司绩效管理规定。（4）补贴：包括通讯补贴、住房补贴、自带电脑补贴等经过分管领导批准的补贴。（5）奖金：指岗位奖金或年度奖金。岗位奖金是指根据员工岗位工作目标及实际完成情况不定期发放的奖金。年度奖金是对员工全年工作的奖励，同时也是对未来更好投入工作状态的鼓励；年度奖金依据公司年度经营情况、部门年度工作绩效考核结果及员工个人年度工作绩效考核结果等综合决定是否进行奖金分配，并确定奖金分配的具体金额。

（二）工资

（1）计算方式：按实际工作日计算，月工资总额除以21.75天为日工资额。（2）发放时间：每月10日统一发放上月工资，逢节假日顺延。（3）工资包含了应支付员工的当月所有劳动报酬，工资发放后5个工作日内，员工无书面异议的，视同认可。

（三）奖金

（1）岗位奖金（若有）：不定期发放。（2）年度奖金（若有）：春节前统一发放一次，如遇特殊情况将适当调整；全年出勤少于230天的，公司有权决定是否发放其奖金；如员工在奖金发放前主动离职将视为主动放弃奖金。

四、财务制度

1. 企业财务制度的概念

企业财务制度分为广义财务制度和狭义财务制度两种。广义的财务制度是指用来规范企业与各相关方面经济关系的法律、法规、准则及办法的总和。狭义的财务制度又可称企业内部财务制度，是由政府企业管理部门制定的用来规范企业内部财务行为、处理企业内部财务关系的具体规章制度。广义的财务制度是狭义财务制度实施的外部环境，狭义的财务制度是广义的财务制度在企业内部的具体及延伸。

2. 企业财务制度的作用

公司的财务、会计制度完整、全面地揭示公司的资金运作的基本情况等经济信息。

建立财务制度有利于保护投资者和债权人的利益。投资者除参加决定一些重大事项外，一般不参与日常的生活经营活动，投资者往往是为了了解公司的生产经营状况和公司的财务状况，进而维护自身利益。公司的资产作为其对债权人的担保，资产状况如何、资产的经营状况如何，直接涉及债权人的债权是否能得到清偿。财务会计工作的规范化，可以保证公司正确核算经营成果，合理分配利润；可以保证公司资产的完整；使债权人的利益得到保护。有利于吸收社会投资。对经营状况比较好的公司，可以起到吸收社会投资的作用。有利于政府的宏观管理。公司在统一的财务制度规定下筹集分配资金，记录反映经济业务，这有利于政府掌握情况，制定政策，实施管理。

3. 职场新人在财务制度需要关注的内容

（1）报销制度。要养成开票的习惯，因公花费要开发票，不能虚假报销，实在不能开票的情况要有付款记录。报销要写清报销事由，整理单据，找领导和财务签字，然后才能由出纳报销。

（2）薪资。工资由底薪、奖金和扣款构成，每个月都有一个固定发工资的日期，如果发工资的时间遇到节假日则会顺延。

案例

某公司的员工差旅费报销标准如表10-1所示。

表10－1　某公司的员工差旅费报销标准

项目 职务	飞机	轮船	火车 高铁 动车	长途 汽车	住宿标准 （元/人·天）			餐费 补贴 （元/·天）	交通费 标准 （元/人·天）
					一类 城市	二类 城市	三类 城市	各类 城市	各类 城市
董事长 总经理	经济 舱	二等舱	软卧 一等座 一等座	实际 报销	限额 450	限额 350	限额 300	40	实际报销
副总经理	经济 舱	二等舱	软卧 一等座 一等座	实际 报销	限额 450	限额 350	限额 300	40	实际报销
部长	报批	三等舱	硬卧 二等座 二等座	实际 报销	限额 350	限额 270	限额 220	40	40
其他人员	报批	三等舱	硬卧 二等座 二等座	实际 报销	限额 280	限额 230	限额 180	40	40

注：1. 一类城市主要指北京，上海，广州，深圳；二类城市主要指二线城市及省会城市；三类城市主要指一类城市、二类城市以外的其他城市。

2. 差旅费报销流程：出差业务申请—业务申请审批—业务申请通过—填写报销单—提交报销单据及报销申请—报销审批—审核通过—出纳结算。

第三节　调试职场心理

有调查结果显示，大约25%的职场新人会出现人际交往障碍，47%的职场新人感觉心理压力较大，因为职位低、工资少、工作繁琐等原因，部分职场新人甚至会出现“厌班症”。在职场中，20～25岁的从业者中明显有压力感的占47%，目前刚参加工作的“90后”职场新人压力最大。这样的心理导致职场新人工作效率低下，工作参与积极度低，因此，如何去调试职场新人的心理变得极为重要。

一、职场新人常见的心理特征

1. 自卑的心理

职场新人往往对自己充满自信，没想到工作中处处遇难题，而且感觉工作很累，心中很乱。时间长了，就渐渐产生了自卑感，只看到自己的短处，做起事来更是畏首畏尾。

2. 焦虑的心理

随着工作强度、难度和紧张度的加大，生活节奏也加快了，让一些独立生活能力不强的职场新人，在新的环境下不善于安排自己的生活，再加上工作任务繁重，他们常常陷入一种忙乱无序的状态。上级交代的任务，没有完成或不顺利，心理便压上了沉重的负担，使得职场新人常常惴惴不安。工作中的问题已经让人紧张不堪了，复杂的人际关系和激烈的竞争又使得他们心理丝毫不能放松，时时处于紧张、焦虑之中。

3. 浮躁的心理

刚踏入社会且喜好攀比的职场新人，看到与自己年纪相仿的同事加薪晋职，无法安心工作，甚至盲目地跳槽。但受个人能力或外界条件所限，很多职场新人不能如愿，他们又陷入无尽的烦恼之中。长期在这种状态下工作生活，内心的和谐和宁静就会被打破，导致情绪紊乱。

4. 抑郁的心理

习惯了校园集体生活的职场新人，工作后往往难以适应一个人的独立空间，生活单调而枯燥，没有了朝夕相处的同学，让职场新人感到孤独。在新的环境中，他们因畏惧复杂的人际关系，或因缺乏人际交往的技巧，容易与周围的人发生争论、冲突，导致人际关系紧张，甚至出现抑郁心理。

5. 失落的心理

职场新人在工作初期带有很大的理想主义色彩，过于美化现实、美化职业，对工作生活的期望值较高。然而，这种一厢情愿的想法常常落空。当发现工作环境或工作条件比想象的差，自己得不到想要的待遇，或者当发现在单位没有被领导重视，自己的工作成果经常遭到同事或领导的否定时，失落和沮丧便会在内心油然而生，他们的情绪会一落千丈，影响了继续努力的信心。

二、如何调试职场心理

1. 相信自己，保持乐观的态度，树立自信心

要知道自己是一名职场新人，犯错在所难免，但是还是可以有机会改正的。公司在众多求职者中录用了我们，相信我们具备适合这个工作的能力，一定要保持乐观的态度，积极面对自己的工作。与此同时，一定要尽快地掌握职位所需要的知识和技能，这样才能在工作中站稳脚跟。

2. 有耐心，不是结果导致过程，而是过程导致结果

要摆正自己的心态，知道通过自己努力地工作可以享受好的待遇，而不是知道会有一个好的待遇而去努力工作。工作不是一蹴而就的，它是根据我们平时的表现累积起来的。一定要沉下心，干好自己的工作。

3. 真诚地与人沟通，建立良好的关系

刚进入职场，周围面对的都是不熟悉的人，我们要真诚地和同事沟通交流，懂礼仪，建立良好的关系，这样才能让我们更快地适应职场的环境。

4. 有一个正确的认知

刚进入职场，新人们总是斗志昂扬，信心十足地要在公司干一场大事业，对未

来充满了各种美好的想象。这时候要警惕，不要过分地高看自己，一定要对自己有一个正确的认知，不然在工作出了一些差错的时候，想象和现实反差太大，会带来很多的负面情绪。一切都脚踏实地，放平心态，这样才能很好地度过职场新人期。

5. 劳逸结合，丰富工作之余的生活

从学生到职业人的改变，不仅是环境的变化，生活方式也发生了很多改变。从悠闲的学习变成了紧凑的工作，特别是作为一名大数据工程师，工作量更大，会更忙碌。职场新人们一定要注意劳逸结合，不要一直把自己放在很紧张的环境中，在工作之余安排一些活动，比如运动、看电影、吃美食等，这样会放松我们的心情，减少压力，能够在工作中投入更多的精力。

本章总结 >>>

1. 职场新人可以通过转变学生时代的心态和行为，适应职场环境，懂得通过请教与反馈让自己快速成长。

2. 职场新人应该对自己的公司有一个基本的了解，包括企业文化、企业行政管理制度、企业人力资源管理制度、企业财务制度。

3. 职场新人容易产生自卑、焦虑、浮躁、抑郁、失落的心理。

4. 从以下几个方面来调试职场心理：相信自己，保持乐观的态度，树立自信心；有耐心，不是结果导致过程，而是过程导致结果；真诚地与人沟通，建立良好的关系；有一个正确的认知；劳逸结合，丰富工作之余的生活。

本章的内容学到这里，请在下面写下自己的学习和训练体会，帮助自己进一步提高。

____

____

____

____

____

本章习题 >>>

1. 假设你现在是一家互联网公司的大数据工程师，你如何快速适应现在的工作环境？

2. 谈谈你所知道的企业制度。

参考文献

[1] 陈劲，郑刚 . 创新管理：赢得持续竞争优势［M］. 北京：北京大学出版社，2016.

[2] 郑刚，陈劲，蒋石梅 . 创新者的逆袭：商学院的 16 堂案例课［M］. 北京：北京大学出版社，2017.

[3] 克里斯坦森 . 创新者的窘境［M］. 北京：中信出版社，2010.

[4] 切萨布鲁夫 . 开放式创新：进行技术创新并从中赢利的新规则［M］. 北京：清华大学出版社，2005.

[5] 亚历山大 · 奥斯特瓦德等 . 商业模式新生代［M］. 北京：机械工业出版社，2011.

[6] 彼得 · 蒂尔，布莱克 · 马斯特斯 . 从 0 到 1：开启商业与未来的秘密［M］. 北京：中信出版社，2015.